U0179616

Applied Ergonomics
and Design

应用人机
工程与设计

吴　群　李源枫　彭宇新　著

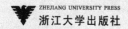
ZHEJIANG UNIVERSITY PRESS
浙江大学出版社

图书在版编目(CIP)数据

应用人机工程与设计 / 吴群，李源枫，彭宇新著
. —杭州：浙江大学出版社，2022.5(2022.11 重印)
ISBN 978-7-308-21027-0

Ⅰ.①应… Ⅱ.①吴… ②李… ③彭… Ⅲ.①人-
机系统-设计 Ⅳ.①TB18

中国版本图书馆 CIP 数据核字(2021)第 019584 号

应用人机工程与设计

吴 群 李源枫 彭宇新 著

责任编辑 陈 宇 金佩雯
责任校对 汪淑芳
封面设计 周 灵
出版发行 浙江大学出版社
　　　　　(杭州市天目山路 148 号 邮政编码 310007)
　　　　　(网址：http://www.zjupress.com)
排　　版 杭州星云光电图文制作有限公司
印　　刷 广东虎彩云印刷有限公司绍兴分公司
开　　本 710mm×1000mm 1/16
印　　张 11.75
字　　数 211 千
版 印 次 2022 年 5 月第 1 版 2022 年 11 月第 2 次印刷
书　　号 ISBN 978-7-308-21027-0
定　　价 68.00 元

版权所有 翻印必究 印装差错 负责调换

浙江大学出版社市场运营中心联系方式：(0571) 88925591；http://zjdxcbs.tmall.com

前　言

　　人机工程学是一门提高工作和生产效率的学科,它能保障人的健康、安全和舒适。随着时代的进步,人机工程的方法与工具在不断发展,并在实践中不断完善。当前产品设计以用户为中心的思想日渐受到重视,心理学和生理学等学科的方法及技术也在实践中为人机工程评测提供了更多可能性。在此背景下,本书期望通过对近几年实际产品研发过程及设计研究中人机工程应用案例进行剖析,为人机工程学及相关领域研究者提供参考。

　　本书第 1 章由彭宇新编写,第 6 章由李源枫编写,其余章节由吴群负责编写,吴群、李源枫负责全书的统稿。王业成、崇书庆、苏乐准、牛蓉、朱宏森、宗婕聪、宋嘉雯、李威等均为本书撰写做出了贡献。

　　本书研究内容包括用户与工作空间的关系、用户与工作系统的关系、用户与设计认知负荷研究、人工智能技术在意象认知中的应用、用户行为模型与工作系统的关系。这些研究内容结合实例被分配到各个章节,具体如下。

　　第 1 章为概述,通过知识图谱对当前人机工程学的研究现状及研究热点进行梳理。在对热点词和高频词进行整合后得出需要展开叙述的内容。

　　第 2 章研究用户与工作空间的关系,着重介绍 RULA 的设备评估方法,并以晶片分选设备为例,根据评估数据进行优化设计实践。

　　第 3 章研究用户与工作系统的关系,以护理床用户界面为例,着重介绍界面可用性的评估及优化流程。

　　第 4 章为用户与设计认知负荷研究,通过行为认知方法,对设计师草图思维过程中的顿悟现象进行观察,并通过实验分析了潜意识暗示对手绘过程中顿悟的影响。

　　第 5 章研究人工智能技术在意象认知中的应用,通过图形学与眼动技术的结合,探讨金丝楠木的物理特性与主观认知的关系,并在研究基础上进行了设计验证。

第 6 章研究用户行为模型与工作系统的关系,通过智能终端界面功能框架的可用性测试来判断 AIDMA 和 AISAS 两种不同的行为模型哪种更适合新零售的场景。

本书理论部分的阐述简明扼要,篇幅较少,主要突出了人机工程学在设计领域的应用,以丰富的设计案例深入浅出地描述了人机工程学的学科思想和理论知识在实践中的运用,重点突出,实用性强,可为工业设计在实际产品设计中的应用提供参考。

目　录

第1章　人机工程学研究现状

1.1　人机工程学概述

1.1.1　人机工程学定义

人机工程学最早是由波兰学者雅斯特莱鲍夫斯基提出的,这个概念在欧洲起源,而后在美国形成和发展,在美国被称为"Human Engineering"(人类工程学)或"Human Factor Engineering"(人类因素工程学),在日本则被称为"人机工学"。目前,学术界普遍采用欧洲的名称——"Ergonomics"(人机工程学)。人机工程学于 20 世纪 90 年代末传入我国,除了人机工程学外,常用的名称还有人类工效学、人体工程学、工程心理学、生物工艺学等。名称不同,研究的重点也有所不同。

人机工程学是研究人、机器及其工作环境之间相互作用的学科。它涉及的学科非常广泛,在发展过程中打破了相关学科之间的界限。比如解剖学、生理学、心理学等学科的因素都在该学科中有所体现。国际人机工程学协会(International Ergonomics Association,IEA)把人机工程学定义为:"本学科研究人在工作环境中解剖学、生理学、心理学等诸多方面的因素,研究人—机器—环境系统中各个组成部分(效率、健康、安全、舒适等)的交互作用在工作、家庭、休假的环境里如何达到最优化的问题。"[1]本书对人机工程学的定义为:"人机工程学是一门新兴边缘学科。它运用人体测量学、生理学、心理学、生物力学以及工程学等学科的研究方法和手段,综合地进行人体结构、功能、心理以及力学问题研究,用以设计使操作者能发挥最大效能的机器、仪器和控制装置,并研究控制台上各个仪表盘的最适合位置。"当然,随着学科的进一步发展、学科边界的不断外延,定义也会有所改变。

1.1.2 人—机器—环境的研究体系

根据国际人机工程学协会对人机工程学的定义可知,该学科的研究对象是人—机器—环境系统的整体状态。这里的人是指作业者或使用者,现在普遍的叫法是用户;这里的机器不局限于使用的产品,也包含工程系统;环境是指工作和生活的空间,噪声、照明、气温等因素都属于环境的范畴。

人机工程学的根本研究方向是通过揭示人、机器、环境之间相互关系的规律,达到人—机器—环境系统性能的最优化[2]。人—机器—环境的研究体系如图1.1所示,人、机器、环境三个圆环相互交叉,形成七个领域。

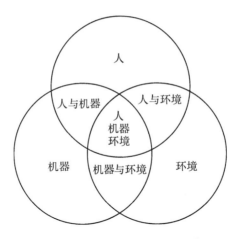

图1.1 人—机器—环境的研究体系

1.1.3 人机工程学的应用

(1)人机工程学在产业中的应用

人机工程学在各产业中的应用领域极其广泛,大至宇航系统、城市规划、建筑系统、机器设备,小至家居产品、服装等生活用品。人机工程学在产业中的应用如表1.1所示。

2

表 1.1　人机工程学在各产业中的应用

领域	对象	实例
设施及机械设备	航天航空	火箭、人造卫星、宇宙飞船等
	建筑设施	城市规划、工业设施、工业与民用建筑等
	机械设备	机床、建筑机械、矿山机械、农业机械、渔业机械、林业机械、轻工机械、动力设备及电子计算机等
	交通工具	飞机、火车、汽车、电车、船舶、摩托车、自行车等
	仪器设备	计量仪表、显示仪表、检测仪表、医疗器械、照明器具、办公事务设备以及家用电器等
产品研发	器具	家具、工具、文具、玩具、体育用具以及生活日用品等
	服装	生活用服、安全帽、劳保鞋、劳保服等
人机界面	硬件人机界面	操作台界面、物理按键等
	软件人机界面	Web界面、移动端界面、全息界面等
作业方式及安防	作业姿势、作业量及工具的选配、安全保障系统的开发等	工厂生产作业、监视作业、车辆驾驶作业、物品搬运作业、办公室作业以及非职业活动作业等
环境	声环境、光环境、热环境、色彩环境、震动环境、尘埃环境以及有毒气体环境	工厂、车间、控制中心、计算机房、办公室、车辆驾驶室、交通工具的乘坐空间以及生活用房等

（2）人机工程学在设计领域的应用

人机工程学在设计领域的研究对象为人类生产与生活所创造的一切“物”。在设计和制造时，将“人的因素”作为重要条件来考虑。人机工程学在设计领域中的应用如表1.2所示。

表 1.2　人机工程学在设计领域中的应用

领域	对象	内容
设计	人机工程与产品设计、室内环境设计、人机界面设计、数字化工程设计	产品设计中人体因素分析、室内光环境设计、室内色彩环境、室内质地设计、室内空间设计、软硬件人机交互设计、界面设计、数字化艺术设计、虚拟人体模型设计等

1.1.4　人机工程学的研究方法

Hancock 和 Diaz 认为，作为科学的原则，人机工程学“为人类状况更美好”的目的占据着道德高地[3]。但是，这也有可能与有效性和效率的更高追求存在冲突。没有人会怀疑改善舒适性、满意度、幸福度所带来的好处，但具体为人改进的程度和为整个系统改进的程度的界限还是难以清晰地划分。Wilson认为，虽然人机工程学的两项共生独立的目的难以解决，但人机工程学专家对单位与职工还是负有责任的[4]。这个"双重责任"的伦理解释就是在忠诚工作的基础之上,尽可能获得高的满意度。

按照数据类型,研究方法可分成如下 5 种基本类型[3]。

①人体数据收集方法。数据类型包括人体生理信息、心理信息、承受力信息等。

②应用于系统发展的方法。数据类型包括实际状态与系统设计指标等。

③人机系统性能评估方法。数据类型包括人机交互过程中对系统操作等。

④评价人的需求与对人产生的效果的方法。数据类型包括人机分析与评价、主观舒适度评估、启发式评估、行为模型等。

⑤工效管理方法。数据类型包括供货、管理策略以及工效干预评估等。

按照研究领域,研究方法可以分为如下 6 种。

①生理评估。研究人体的骨骼肌肉系统、眼动信息等,内容包括不舒适性评估、姿势观察、工作空间评估、工作投入与疲劳评估、腰部不适评估、上肢伤害预估等。

②心理评估。分析与评价人的心理,内容包括心率与心率变异性、事件相关电位、血压、呼吸频率、眼动、肌肉活性等。

③行为认知评估。分析与评估人、事件、工件和任务,内容包括观察与访谈法、认知任务分析法、错误预测、工作负荷分析和预测以及状况认知等。

④流程分析。分析和评估流程效率情况,内容包括工作流程管理、团队参与度、团队协作设计方法、焦点小组、可用性评估等。

⑤环境分析。分析和评价环境因素,内容包括热环境、室内空气质量、室内亮度、噪声、振动忍受和习惯能力等。

⑥宏观分析。分析和评价工作系统,内容包括组织、用户行为模型、可用性工程、制造工作系统、人类技术学、工作系统干涉评估以及工作系统的结构进程分析等。

上面前三种方法研究有关个体以及个体和外部环境的交互,第四种方法研究有关组织流程以及内外协调环境的交互,第五种方法研究环境对人的影响,第六种方法研究工作系统的宏观整体。

1.2　人机工程学研究趋势分析及讨论

1.2.1　基于知识图谱工具的研究方法

科学知识图谱是一种新的研究方法。通过数据挖掘、信息处理和图形绘制,可以揭示知识的发展过程和结构关系;通过对提取的人机工程学领域文献信息进行统计分析,可以得到不同机构、期刊和类别的出版成果与表现[5]。共被引分析是通过分析高频引用的参考文献来识别研究领域的知识结构和研究前沿的有效方法[6]。因此,共被引分析与关键词共现分析的协同应用不仅能够阐明研究趋势,还能够阐明标志性文献在研究领域演变中的作用。

下面将以人机工程学领域内受关注程度较高的五种期刊为研究对象,以各期刊 2010—2021 年发表的所有论文作为研究数据了解当前人机工程学领域的知识结构、研究趋势和热点,为人机工程学及相关领域研究者提供参考。

我们选用的数据来源于 Web of Science 的核心合集数据库中人机工程学领域内受关注程度较高的五种期刊,分别为 ADVANCES IN ERGONOMICS IN DESIGN、APPLIED ERGONOMICS、ERGONOMICS、HUMAN FACTORS 和 INTERNATIONAL JOURNAL OF INDUSTRIAL ERGONOMICS。我们对其中收集到的 5000 多篇文献进行知识图谱分析,将文献记录导入 CiteSpace 软件中,通过对文献共被引、作者共被引和关键字共现等指标解读,提供人机工程学领域的研究热点及趋势[7]。突发检测(burst detection),中间中心性(betweenness centrality)和异构网络(heterogeneous networks)这些概念可以解决三个实际问题,即确定研究前沿的性质,标注出高影响力的特性和及时发现新出现的趋势和突变[8]。

1.2.2　人机工程学研究关键词分析

我们通过知识图谱方法对人机工程学领域进行关键词分析。表 1.2 展示了人机工程学领域排名前 6 的关键词,分别是"人体工程学""信息系统""设计""人工智能""行为模型"和"算法"。图 1.2 清晰展示了这 6 个关键词的雷达分布。

对上述热点词进行整合后可得出当下需要研究的热点内容,它们分别是用户与工作空间、用户界面与可用性设计、用户对设计的认知负荷研究、人工智能在图形意象中的应用、用户行为模型与工作系统。这些研究内容将在后续章节展开讨论。

表 1.2　人机工程学领域的关键词聚类分析排名

聚类 ID	关键词	文献数量	轮廓值	平均引用年份
♯0	Ergonomics(人体工程学)	516	0.881	2009
♯1	Information System(信息系统)	371	0.908	2014
♯2	Design(设计)	356	0.867	2008
♯3	Artificial Intelligence(人工智能)	324	0.949	2009
♯4	Behavior Model(行为模型)	278	0.890	2009
♯5	Algorithm(算法)	172	—	—

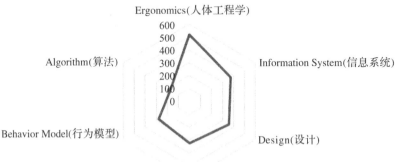

图 1.2　人机工程学领域的关键词聚类分析雷达分布

1.2.3　人机工程学研究热点分析

通过在 CiteSpace 中选择每年引用次数最高的前 50 篇文献中的关键词作为共被引分析对象,将关键词聚类后,可以得到相对应的聚类标签,再通过针对性的文献阅读,得到当前人机工程研究现状及研究热点。表 1.3 为排名前 5 的聚类标签合集,分别是"人为因素""用户行为""参与人体工程学干预""认知工作分析"和"智能交通系统"。图 1.3 清晰展示了这 5 个聚类标签的雷达分布。

表 1.3　人机工程学领域的文献聚类分析排名

聚类 ID	聚类标签(LLR)	文献数量	轮廓值	平均引用年份
♯0	Human Factor(人为因素)	342	0.889	2016
♯1	User Behavior(用户行为)	326	0.955	2012
♯2	Participatory Ergonomics Intervention (参与人体工程学干预)	261	0.971	2007
♯3	Cognitive Work Analysis(认知工作分析)	238	0.953	2012
♯4	Intelligent Transportation System (智能交通系统)	195	0.946	2018

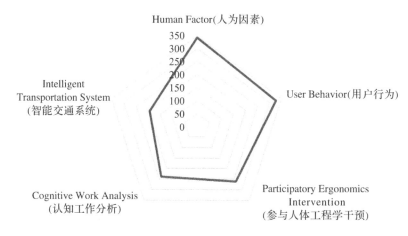

图 1.3　人机工程学领域的文献聚类分析雷达分布

此外,引文突发(citation burst)是通过检测引文在某一段时间内引用频率的突发强度来找出该领域研究热点的新兴趋势[9]。通过对人机工程学领域中突发强度前 20 篇的文献进行分析,将人机工程学领域中的热点研究分成三大类,分别是应用研究、方法研究和人群研究。

人机工程应用研究课题重点分为智能终端的人机交互方式和不同人群接受度研究[10-11]、骨骼肌肉疾病的风险因素评估[12-13]、医疗工作系统[14]、自动化程度[15-16]、驾驶过程中的视觉认知负荷[17-18]。可以看到,无论从专业工作系统,还是面向大众的公共终端,人机工程应用研究的趋势已经随着自动化技术的发展以及人们生活方式的改变,慢慢走向了更加专业的工作领域和更广泛的公众视野。

方法研究课题包括顿悟的突发性对设计的影响[19]、行为认知与眼动技术[20]、可用性工程方法[21-22]、人体数据收集和机器学习[23]和行为分析模型[24]。可以看到,人机工程学越来越多地与人类学、生物力学、生理学、心理学、工程学、统计学以及信息科学等相关学科的专业知识相结合。尤其是人工智能的崛起,让人机工程学的研究方法和应用场景得到更进一步的拓展。本书后面章节会提供一个关于图像识别的研究案例和一种结合图像识别与主观认知意象结合的研究方法。

人群研究课题的热点研究包括对劳工长短期工作环境和肌肉疲劳的相关研究[25]、医护人员的工作环境研究[26]、驾驶者的工作环境研究[27]、老年人接受度研究[28]和手机与电脑使用人群研究[29-30]5 类。总体来说,对不同人群的研究也是对跨行业从业人员前期缺乏系统性的人机工程设计,以至于出现工作空间、工作强度及工程设备不合理的研究,揭示不同人群在长期工作中出现的肌肉、骨骼的损害。我们可以看到,网络中的丰富信息让越来越多的手机和电脑用户长时间保持某一姿势,因而广泛造成肌肉、骨骼的损伤。这些研究为后续的工作环境、工作设备以及手持电子设备的设计提供了更多不同角度的见解。

1.3　人机工程学基础研究趋势与应用总结

借助知识图谱工具,我们可以把人机工程学按照方法研究、应用研究和人群研究三方面进行归纳总结(图1.4)。结果显示,在方法研究中,人机工程学的研究方法逐渐朝着跨学科、跨地域的方向前进,尤其在与生理学、心理学和信息科学的结合上,这为更广泛的合作提供了一定参考。在应用研究方面,研究内容从专业的工作系统到贴近生活的随身电子设备均有涉及;另外,随着技术的发展,研究对象从传统机械设备转变为智能设备。总的来说,研究趋势逐渐两极化,一极是以自动化为主的专业工作装备,另一极是生活化的消费类产品。人群研究同样分为两类,一类是专业级用户,如医生、劳工、司机等,他们对工作环境及工作流程有更专业的需求;另一类是普通用户,他们对生活类产品有着更细致、更生活化的需求,如对舒适度、可用性的要求更高。因此这种趋势驱动着更多的学者对人机工程学新的领域进行探索和研究。这些研究为后续的专业工作环境和科技生活方式的探索提供了重要的参考。

对现在研究趋势中的关键词进行分类重组,针对不同的研究人群,使用不同的研究方法对不同对象进行研究应用后,可相互形成关联并能将最终的结果映射到实际的案例中,这些典型的应用研究案例如下。

第2章从劳工人员操作晶片分选作业切入,将专业工作领域应用标准中的人体尺寸数据方法与服务设计的创新方法相结合,将流程中的问题触点进行可视化,最终对晶片分选机进行外观优化。

第3章从同样专业的医疗康复领域切入,但研究对象从专业的器械变成了通用性更强的界面。研究基于可用性原则对护理床进行可用性因子的权重分布分析,并以此对其界面进行可用性评估,最终形成一套护理床界面可用性评估体系,以及对其界面的再设计。

第4章的研究更加偏向人们的日常生活,从一个非常新奇的角度对设计师人群的创造过程进行讨论和研究。研究站在前人对顿悟提出的实验假说之上，对学生在产品设计的创作过程进行验证试验，最终发现并验证顿悟对设计创造产生的影响。

第 5 章的研究将材料和图像识别进行结合，基于视线追踪、主观意向评价、图像分析的研究方法，对金丝楠木进行木材纹理认知的研究，发现了金丝楠木的表面光反射特性和视觉吸引力之间的关系，此研究为开发金丝楠木的潜在美学应用价值提供参考，同时也预示着人工智能与传统研究领域不断碰撞的研究趋势。

第 6 章对智能导购终端进行可用性研究，基于 AIDMA 和 AISAS 模型的研究方法，以用户体验为研究导向，建立更加适合新零售场景的智能导购终端功能框架。此研究展现了未来基于 AIDMA 和 AISAS 模型可用性应用研究的趋势。

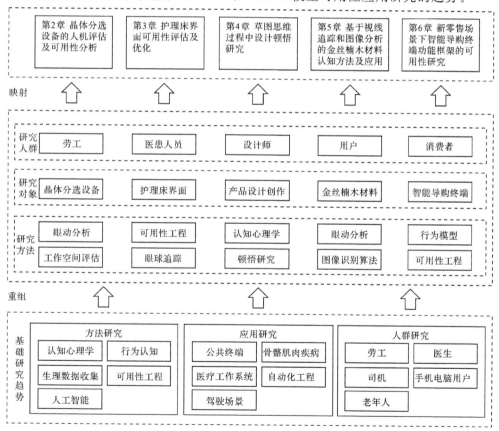

图 1.4　应用人机工程学的研究与应用趋势框架

参考文献

［1］ Association I E. Definition and Domains of Ergonomics［EB/OL］. http://www. iea. cc/whats.

［2］ 冯阳. 与时俱进的人类工效学［J］. 南京工业大学学报（社会科学版）,2004,3(4):71-75.

［3］ 柳冠中. 当代文化的新形式:工业设计［J］. 文艺研究,1987(3):72-84.

［4］ Chen Y, Liu Z, Chen J, et al. History and theory of mapping knowledge domains［J］. Studies in Science of Science,2008,26(3):449-460.

［5］ Appio F P, Martini A, Massa S, et al. Unveiling the intellectual origins of Social Media-based innovation: Insights from a bibliometric approach［J］. Scientometrics,2016,108(1):355-388.

［6］ Chen C. Searching for intellectual turning points: Progressive knowledge domain visualization［J］. Proceedings of the National Academy of Sciences,2004,101:5303-5310.

［7］ Chen C. The structure and dynamics of scientific knowledge［M］. Mapping Scientific Frontiers: Springer,2013:163-199.

［8］ Chen C. CiteSpace Ⅱ: Detecting and visualizing emerging trends and transient patterns in scientific literature［J］. Journal of the Association for Information Science and Technology,2006,57(3):359-377.

［9］ Wang C, Lv S, Suo X. The knowledge map of public safety and health［C］. Fuzzy Systems and Knowledge Discovery(FSKD), 12th International Conference on Natural Computation,2015:1688-1692.

［10］ Tsai T H, Chang H T, Chen Y J, et al. Determinants of user acceptance of a specific social platform for older adults: An empirical examination of user interface characteristics and behavioral intention［J］. PLoS ONE,2017,12(8):e0180102.

［11］ Mattila M, Karjaluoto H, Pento T. Internet banking adoption among mature customers: early majority or laggards? ［J］. PLoS ONE,2003,17(5):514-28.

［12］ David G C. Ergonomic methods for assessing exposure to risk factors for work-related musculoskeletal disorders［J］. Occupational Medicine,2005,55(3):190-199.

［13］ Gerr F, Monteilh C P, Marcus M. Keyboard use and musculoskeletal outcomes among computer users［J］. Journal of Occupational Rehabilitation,2006,16(3):259-271.

［14］ Carayon P, Wetterneck T B, Rivera-Rodriguez A J, et al. Human factors systems approach to healthcare quality and patient safety［J］. Applied ergonomics,2014,45(1):14-25.

［15］ Lee J D, See K A. Trust in automation: Designing for appropriate reliance［J］. Human Factors,2004,46(1):50-80.

［16］ Onnasch L, Wickens C D, Li H, et al. Human performance consequences of stages and levels of automation: An integrated meta-analysis［J］. Human Factors,2014,56(3):476-488.

［17］ Engström J, Johansson E, Östlund J. Effects of visual and cognitive load in real and simulated motorway driving[J]. Transportation Research Part F: Traffic Psychology and Behaviour,2005,8(2):97-120.

[18] Victor T W, Harbluk J L, Engström J A. Sensitivity of eye-movement measures to in-vehicle task difficulty[J]. Transportation Research Part F: Traffic Psychology and Behaviour, 2005,8(2):167-190.

[19] Tekinalp Y. A review of technology innovation: A longitudinal reflection on technology epiphany[J]. PLoS ONE,2017,11:45-54.

[20] Eckstein M K, Guerra-Carrillo B, Singley A T M, et al. Beyond eye gaze: What else can eyetracking reveal about cognition and cognitive development? [J]. Developmental Cognitive Neuroscience,2017,25:69-91.

[21] Tsai T H, Chang H T, Chen Y J, et al. Determinants of user acceptance of a specific social platform for older adults: An empirical examination of user interface characteristics and behavioral intention[J]. PLoS ONE,2017,12(8):e0180102.

[22] Petrovčič A, Rogelj A, Dolničar V. Smart but not adapted enough: Heuristic evaluation of smartphone launchers with an adapted interface and assistive technologies for older adults [J]. Computers in Human Behavior,2018,79(1):23-36.

[23] Iwasawa Y, Yairi I E, Matsuo Y. Combining human action sensing of wheelchair users and machine learning for autonomous accessibility data collection[J]. IEICE Transactions on Information and Systems,2016,99(4):1153-1161.

[24] Chen Y L, Huang T Z. Mechanism Research of OWOM marketing based on SOR and AISAS[J]. Advanced Materials Research,2011,403:3329-3333.

[25] Wilson J R. Fundamentals of systems ergonomics/human factors[J]. Applied Ergonomics, 2014,45(1):5-13.

[26] Nelson A, Matz M, Chen F, et al. Development and evaluation of a multifaceted ergonomics program to prevent injuries associated with patient handling tasks[J]. International Journal of Nursing Studies,2006,43(6):717-733.

[27] Engström J, Johansson E, Östlund J. Effects of visual and cognitive load in real and simulated motorway driving[J]. Transportation Research Part F: Traffic Psychology and Behaviour,2005,8(2):97-120.

[28] Gilly M C, Zeithaml V A. The elderly consumer and adoption of technologies[J]. PLoS ONE,1985,12(3):353-7.

[29] Young J G, Trudeau M, Odell D, et al. Touch-screen tablet user configurations and case-supported tilt affect head and neck flexion angles[J]. Work,2012,41(1):81-91.

[30] Young J G, Trudeau M B, Odell D, et al. Wrist and shoulder posture and muscle activity during touch-screen tablet use: Effects of usage configuration, tablet type, and interacting hand[J]. Work,2013,45(1):59-71.

第2章 晶体分选设备的人机评估及可用性分析

在产品设计过程中,根据产品特征和操作方式构建恰当的评估方法,再对当前产品进行人机分析与评价,可以发现当前产品存在的可用性问题并给出相应的优化设计方向。在优化设计方案完成后,对选定的设计方案进行实验评估验证,可以确保产品符合工效学原理,从而提高产品使用的舒适性,降低工人患肌肉骨骼疾病的风险。本章以半自动晶片分选机外观优化设计项目为例,从物理工作空间的角度解读人机工程学。

晶片检测作业是一种典型的手、眼配合的工种。在晶片检测作业过程中,检测人员需要完成晶片放置、设置并校准参数、开始检测、取下晶片、对晶片进行分类等一系列动作,并且操作人员需要在一个工作日内重复上述操作。在这种高强度、高频率的检测作业条件下,如果工作空间布局不合理,检测设备的设计不符合可用性的要求,长此以往,将会降低工人的操作效率并增加操作人员罹患肌肉骨骼疾病的风险。

了解了产品主要使用人群、晶片分选作业的流程以及晶片分选作业过程中人机交互的关键接触点后,我们对需要改进的晶片分选机的工作空间进行分析,针对目标使用人群,参照国家标准选取相关的人体尺寸数据,对晶片分选机的基本尺寸数据进行计算并给出了参考值。此外,我们对产品目标使用人群进行用户访谈,了解他们在操作过程中遇到的问题,在此基础上构建了晶片分选作业的用户体验地图,将用户在操作过程中各关键接触点处的问题进行可视化呈现,帮助设计师更好地了解用户在使用过程中遇到的问题。

根据晶片分选作业的特征,我们构建了基于用户作业姿势的人机评价方法,即以 RULA 快速上肢测评法为主,以工作空间和用户使用产品的主观舒适度评估为辅的评价方法,并给出了相应的评价指标。再利用该方法对当前产品进行评估,找出当前产品中存在的问题并给出相应的优化设计方向。

最后进行晶片分选机的外观优化设计工作。我们根据之前实验评估给出的优化设计方向,结合用户需求分析的结果,设计了多款产品外观方案,通过德尔菲法对设计方案进行筛选,并用之前构建的评估方法对选定的设计方案进行验证评估,确保优化方案符合工效学要求。

2.1　设备工作空间与用户行为分析方法

2.1.1　设备工作空间分析

操作者操纵机器时所需要的活动空间,再加上机器、设备、工具、用具、被加工物件所占用的空间总和,称为作业空间[1]。作业空间工效学评估的内容主要包括产品尺寸、操作工人作业的姿势和视域、人体操作可及度范围与舒适操作区域、工作环境和空间大小等。

根据作业人员所处的环境,作业空间可以分为近身作业空间、个体作业空间和总体作业空间三类。晶片分选作业采用坐姿作业方式,并且绝大部分工作通过上肢来完成操作,故我们主要研究近身作业空间。近身作业空间是指在充分考虑人体静态和动态尺寸的基础上,操作者处于某一位置时,在站姿或坐姿条件下完成作业任务的空间范围。

作业空间受产品空间尺寸的影响,作业空间设计离不开对人体尺寸参数的研究。陈波等在广泛调查国产石油钻机司钻控制房的基础上,基于人体尺寸数据对钻机控制系统的工作空间进行分析,给出了便于工人操作的机器尺寸[2]。蔡敏等对三种常见的作业空间布局进行研究,基于中国成年人身体尺寸对作业空间中工作台面高度、座椅高度调节范围、脚凳高度调节范围以及屏幕高度等数据进行计算,使作业空间满足不同身高人员的使用需求,并通过实例仿真对设计后的作业空间进行验证,发现合理的作业空间设计能有效降低操作工人的工作负荷[3]。邓丽基于工人作业任务,根据用户性别和作业姿势对用户进行定量分析,根据人体尺寸数据得出了不同人体尺寸百分位下男、女的上肢作业空间范围[4]。易熙琼等以职员办公桌为研究对象,对人体上肢水平活动姿势特征进行分析,得到了优化后的桌面深度和宽度,并通过比较分析,初步探讨了基于姿势特征的办公桌水平作业域的优化方法[5]。赵仕奇等对卫生香振动送料包装机作业控制台和作业区域进行分析,结合国家标准中与作业者有关的人体尺寸数据,对包装机的作业区域进行重新设计,设计出了符合人机工程学的新型包装机[6]。但上述文献大多从作业区域布局或人体尺寸单一角度进行分析,未考虑到用户的主观行为,而本方法同时对两者进行分析,使分析更加合理。

(1)设备作业空间布局

晶片分选机与操作人员关系最为密切的空间为工作台面和机器底座的前工作面。工作台面集成了X射线管、单射器、晶片放置台、信号接收器、触控屏等部件,是主要的操作区域。机器底座的前工作面主要有机器开关、指示灯、控制踏板以及腿部活动空间,同时该工作面也是躯干与机器的主要接触面(图2.1)。

图 2.1　某型晶片分选机实物

在晶片分选设备工作空间的设计与评估中,需要对手部作业与活动空间、腿部作业与活动空间进行重点分析,同时要考虑人体躯干与机器接触区域的设计(图2.2)。

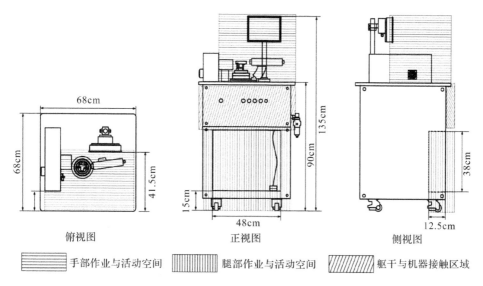

俯视图　　　　　　　正视图　　　　　　　　侧视图

▨ 手部作业与活动空间　　▥ 腿部作业与活动空间　　▨ 躯干与机器接触区域

图 2.2　晶片分选设备工作空间布局

（2）设备基本尺寸分析

参照 GB/T12985—1991,晶片分选设备属于Ⅰ型产品中的一般工业产品。在该产品人机尺寸设计中应选取 GB10000—88 中第 5 百分位和第 95 百分位的女性身体尺寸数据作为参考。中国成年女性人体尺寸数据如表 2.1 所示。

表 2.1　中国成年女性人体尺寸数据

序号	测量项目	人体尺寸百分位/mm		
		P_5	P_{50}	P_{95}
Wh1	立姿双手上举高	1845	1968	2089
Wh2	上肢前伸长	614	668	725
Wh3	胸厚	181	204	230
Wh4	最大肩宽	395	427	463
Wh5	前臂长	192	213	234
Wh6	身高	1484	1570	1659
Wh7	立姿眼高	1371	1454	1541
Wh8	立姿肩高	1195	1271	1350
Wh9	立姿肘高	899	960	1023
Wh10	立姿手高	650	704	757
Wh11	坐高	809	855	901
Wh12	坐姿颈椎点高	579	617	657
Wh13	坐姿眼高	695	739	783

续表

序号	测量项目	人体尺寸百分位/mm		
		P_5	P_{50}	P_{95}
Wh14	坐姿肩高	518	556	594
Wh15	坐姿肘高	215	251	284
Wh16	坐姿大腿厚	113	130	151
Wh17	坐姿膝高	424	458	393
Wh18	小腿加足高	342	382	405
Wh19	坐深	401	433	469
Wh20	臀膝距	495	529	570
Wh21	坐姿下肢长	851	912	975

晶片分选作业多采用坐姿进行,且晶片分选设备工作台面的高度不能进行调节,工人在操作过程中只能通过调节工作椅的高度来使自己处于较为舒适的工作状态。本次合作企业的晶片分选设备采用一体式触控屏来进行操作。在设计过程中,必须充分考虑手眼之间的协调性,对工作台面各部件进行合理布局,提高产品的易用性。晶片分选设备在设计过程中需要考虑的主要尺寸如图2.3所示。其中,A 表示座椅高度,B 表示水平视线高度,C 表示触控屏距身体距离,D 表示容膝空间,E 表示脚凳高度,F 表示设备凹槽高度,G 表示腿部空间,H 表示工作台面高度,I 表示触控屏顶部高度,J 表示设备总体高度。

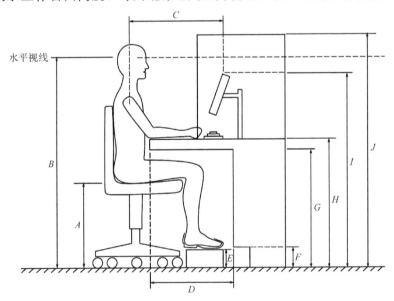

图 2.3 晶片分选设备主要尺寸

在设计过程中,可以参考表 2.1 中的人体尺寸,计算出图 2.3 中晶片分选设备设计过程中所需的各个尺寸。

①工作台面高度 H。根据之前调研的结果,女性在工作中一般都需要穿平底鞋,鞋底平均厚度约 3cm。台面高度参考女性第 95 百分位的尺寸来进行。工作台面高度＝第 95 百分位坐姿肘高＋第 95 百分位小腿加足高＋鞋厚。

$$H = \text{Wh}15(P_{95}) + \text{Wh}18(P_{95}) + 3 = 28.4 + 40.5 + 3 = 71.9(\text{cm})$$

②座椅高度 A。座椅高度根据桌高而定,并且座椅高度的调节范围应满足第 5 百分位和第 95 百分位的尺寸。最大坐高＝桌面高度－第 5 百分位坐姿肘高;最小坐高＝桌面高度－第 95 百分位坐姿肘高。

$$A(\max) = 71.9 - \text{Wh}15(P_5) = 71.9 - 21.5 = 50.4(\text{cm})$$
$$A(\min) = 71.9 - \text{Wh}15(P_{95}) = 71.9 - 28.4 = 43.5(\text{cm})$$

因此,座椅高度调节范围为 $43.5 \sim 50.4$cm。

③脚凳高度 E。脚凳高度可以调节,主要是计算脚凳的最大高度。当用户的双脚处于垂直状态时,脚凳的最高高度＝最大坐高－(第 5 百分位小腿加足高＋鞋厚)。用户在实际使用过程中,小腿和大腿之间角度一般为 $90° \sim 120°$,当处于 $120°$ 的状态时,脚凳的最大高度＝最大坐高－(第 5 百分位小腿加足高＋鞋厚)×cos30°。

$$E(\text{双腿自然垂直}) = 50.4 - [\text{Wh}18(P_5) + 3] = 50.4 - (34.2 + 3) = 13.2(\text{cm})$$
$$E(\text{小腿与大腿成 } 120° \text{夹角}) = 50.4 - [\text{Wh}18(P_5) + 3] \times \cos 30° \approx 18(\text{cm})$$

因此,脚凳高度调节范围为 $0 \sim 18$cm。

④触控屏顶部高度 I。为保证触控屏幕在正常视线范围内,屏幕顶部高度应该位于人体水平视线以下,即触控屏顶部最大高度≤最大坐高＋第 5 百分位坐姿眼高。

$$I(\max) = 50.4 + \text{Wh}13(P_5) = 50.4 + 69.5 = 119.9(\text{cm})$$

⑤腿部空间 G。腿部空间的设计应参照第 95 百分位女性身体尺寸进行。G＝第 95 百分位小腿加足高＋第 5 百分位坐姿大腿厚＋修正量。

$$G = \text{Wh}18(P_{95}) + \text{Wh}16(P_5) + \text{修正量} = 40.5 + 15.1 + 10 = 65.6(\text{cm})$$

⑥触控屏距身体距离 C。在晶片分选作业中,机器的操作都在触控屏上进行,触控屏应处于第 5 百分位用户前臂的可及范围之内,即 C＝第 5 百分位上肢前伸长－第 5 百分位胸厚。

$$C = \text{Wh}2(P_5) - \text{Wh}3(P_5) = 61.4 - 18.1 = 43.3(\text{cm})$$

⑦容膝空间 D。坐姿作业的工作台设计,必须保证有充足的容膝空间。容

应用人机工程与设计

膝空间设计要参照第 95 百分位女性的身体尺寸进行,并考虑合适的尺寸修正量。$D=$第 95 百分位臀膝距－第 95 百分位胸厚＋修正量。腿部空间一般需要预留 5cm～10cm 的修正量。

$$D=\text{Wh}20(P_{95})-\text{Wh}3(P_{95})+修正量=57-23+10=44(\text{cm})$$

（3）舒适操作范围分析

晶片分选作业最主要的操作动作在晶片检测台和触控屏上进行。因此,晶片检测台和触控屏须设置在作业者舒适的视线范围和可及度范围内。这样既能保证操作者方便地观察触控屏,又能使其以舒适的姿势在触控屏上进行操作。

根据第 95 百分位女性身体尺寸绘制的手眼协调区域如图 2.4 所示。图中阴影部分是最佳的手眼协调区域,晶片分选机各操作装置都应设置在阴影区域内,便于用户操作。

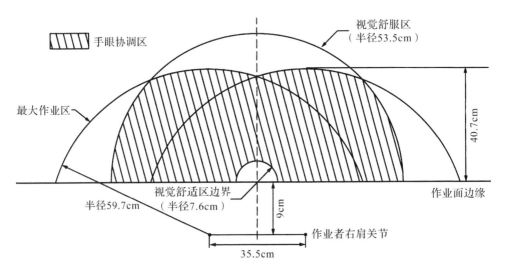

图 2.4　手眼协调区域

屏幕位置过高会导致用户脖子后仰并造成不适,因此显示屏的高度应该位于人的水平视线之下。本章研究中,用户很多操作动作都在触控屏上完成,若屏幕高度大于用户肩高,用户需抬起手臂才能在屏幕上进行操作,此时手臂无外部支撑,容易造成肩部不适。综合考虑,晶片分选设备的舒适作业空间应为用户手眼协调区域内工作台面以上、肩高以下的立体空间区域,如图 2.5 所示。

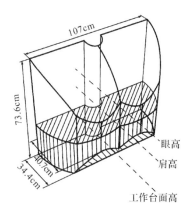
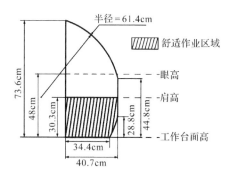
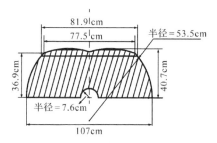

图 2.5　晶片分选作业手眼协调区域

2.1.2　用户的行为分析

（1）行为分析方法

①眼动分析

眼动分析技术是通过对眼球的运动轨迹进行捕捉和记录，从中提取诸如注视点、注视轨迹、注视时间和次数、眼跳的距离等数据，以研究人们的认知过程。眼动主要有注视、眼跳和平滑尾随跟踪三种形式[7]。眼动数据经过软件处理后，可以通过注视点轨迹图、热点图、集簇图、蜂群图和兴趣区进行分析。

视线追踪技术是眼动仪的基本工作原理。当前，视线追踪技术日趋成熟，它在设计评估、可用性测试与评估、用户场景分析、人机交互和认知心理学等领域都有广泛运用。已有学者通过眼动分析技术展开研究。朱人可借助 Tobii Glasses 对昼夜环境下相同道路交通环境中用户驾驶行为的眼动数据进行分析[8]，发现昼夜不同环境会对用户的视觉搜索模式产生一定的影响。韩飞在认知心理学基础上进行了家装风格的眼动观测实验，通过对用户视觉浏览与筛选阶段的数据进行分析,获得了用户在两个阶段的眼动策略,并在此基础上获取评估风格特征元素的眼动指标类型[9]。田芸等对常用眼动记录方法进行分析与总结,介绍了眼动指标在脑力疲劳研究中的应用[10]。上述文献大多使用眼动技术的某项单指标进行评估,而许多应用场景需要利用多指标综合评估,因此需要引入用户主观模型来客观捕捉用户需求。

②Kano(狩野)模型

Kano 模型由日本东京理工大学狩野纪昭博士提出[11],如图 2.6 所示。Kano模型将用户需求划分为必备型需求、期望型需求和兴奋型需求。

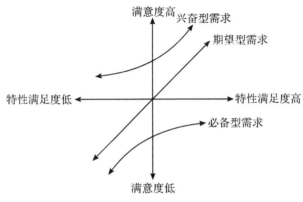

图 2.6　Kano 模型

由 Kano 模型可知,用户需求的满意度会对用户整体满意度产生重要的影响。必备型需求是指产品应该具备的基本功能需求,若产品满足该功能需求,则用户满意度不会提升,若产品不提供该功能,则用户满意度会大幅降低。期望型需求是指用户期望产品提供的功能,用户在访谈过程中最关注的也是这类需求,产品满足该类需求越多,用户的满意度也就越高,反之,用户满意度就越低。兴奋型需求是指提供用户期望之外的产品属性和服务,若产品没有提供这类功能,则用户满意度不会下降,若产品提供该功能,则用户的满意度会大大提升,这是提升产品魅力的有效途径。

用户需求是产品设计过程中的重要因素,在产品优化设计过程中,收集用户需求和反馈,将其中合理的需求转化为设计要素,能帮助设计师设计出更合理的方案。借助 Kano 模型,可以将用户需求对应到相应的需求类别中,并根据各类别需求对用户满意度的影响程度来划分需求的优先级。冯蔚蔚等调查了消费者对当前市场上健身车优化设计的潜在需求,基于 Kano 模型,从必备型需求、期望型需求和兴奋型需求等方面确定用户需求分类,并将用户需求转化成对应的设计要素,优化后的设计方案提高了用户的满意度[12]。冯青等结合 Kano 模型的用户需求类型,构建了面向应急通信车产品开发的 Kano 问卷来获取用户需求,确定了用户需求的重要度,并据此设计出了应急通信车的方案[13]。唐中君等基于 Kano 模型构建了一种用户需求获取方法,即在获取用户需求后构建需求层次模型,利用熵值法来确定各需求的权重,以此确定用户个性化需求的重要度排序,并以手机产品进行验证[14]。

(2)设备操作流程

了解晶片分选作业流程可以帮助我们更好地对晶片分选机的工作空间进行布局,为此,我们深入到晶片检测作业一线,向工程师和晶片检测员们学习机器操作。在了解晶片分选作业的流程后,绘制了晶片检测流程图(图 2.7)。

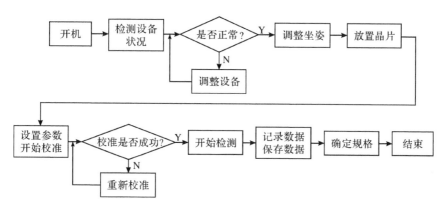

图 2.7　晶片检测流程

根据之前的实践和观察,在晶片检测作业过程中,用户与机器互动的接触点主要有检测设备状况、放置晶片、设置参数、校准参数、检测数据(可以在触控屏上进行,也可以通过脚踏板进行)、记录数据、保存数据、确定晶片规格。其中设置参数、校准参数、检测数据、记录数据与保存数据都可以在触控屏幕上完成,由于这些过程只涉及产品的硬件开发,因此将这几个接触点归纳为"点击屏幕"这一个接触点。整理后得出晶片分选作业流程中关键接触点为检测设备状况、放置晶片、点击屏幕、踩踏板记录数据、确定晶片规格。

(3)晶片分选作业用户行为分析

通过实地观察和调研发现,用户操作过程中的行为可以分为上肢操作和视觉浏览两类。

①上肢操作

在晶片分选作业流程中,放置晶片、设置并校准参数、记录数据、保存数据和确定晶片规格等操作都需要依靠手臂、前臂、手腕和躯干的协调配合来完成。在同一批次晶片的分选作业中,只需设置并校准一次参数。然后用户需要将晶片放置在晶片检测支架上,点击屏幕,便可进行检测。每放置一次晶片,都需要点击屏幕或踩脚踏板来检测数据。当同一个批次的晶片检测完成后,用户需要再次设置检测的参数。

作业过程中,用户各操作动作中需要活动的身体部位如表 2.2 所示,主要集中在颈部、躯干、上臂、前臂、手腕和腿部。

表 2.2　操作过程中身体活动部位

作业流程	主要活动部位
调整设备状况	全身协调
调整坐姿	上臂、颈部、腰部、腿部
放置晶片	手指、手腕、前臂、上臂、颈部、躯干
在屏幕上进行各种操作	手指、手腕、前臂、上臂、颈部、躯干
踩踏板检测数据	腿部、躯干、颈部
确定晶片规格	手腕、前臂、上臂、颈部

在同一个批次的晶片分选作业中,各部分工作所占时间的比例如图 2.8 所示。后续产品工效学评估中会重点分析用户的上肢操作动作。

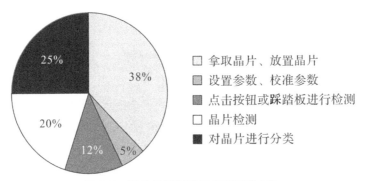

图 2.8　晶片检测流程各步骤时间占比

②视觉浏览

用户从晶片盒中拿取晶片,然后将其放置到检测台上,在屏幕上设置并校准参数,在检测数据的过程中还需查看屏幕上的数据变化情况。用户视线主要停留在触控屏和晶片检测台上。通过观察发现,用户视觉浏览顺序与晶片检测作业流程的顺序一致,但用户的视觉浏览轨迹受到工作空间布局的影响。在后续产品工效学评估中,也需要对用户视觉浏览轨迹做一定分析。

(4)作业用户体验地图

为了进一步了解用户使用该产品时的主观感受,我们邀请了目标用户进行访谈并填写主观舒适度问卷,以此了解用户在操作过程中各关键接触点处遇到的问题,并构建了晶片分选作业的用户体验地图。

本次访谈对象为晶片分选行业的 8 名从业人员,其中 2 名为企业技术人员,其余 6 名为一线晶片分选作业员工,访谈脚本见表 2.3。在访谈中,让用户将其在操作过程中所遇到的问题填写到对应的接触点下方。此外,我们还邀请用户根据平时使用设备时的感受填写舒适度问卷。该问卷采用李克特量表法进行评分,用户根据题干中描述的问题与自己主观使用感受的相符程度来进行评分。

表 2.3　用户访谈脚本

序号	问题内容
1	您从事该行业多长时间了?
2	您使用该设备时的总体感受如何?
3	在您工作过程中,公司有安排休息时间吗?一般多久休息一次?
4	公司是否为您配备了高度可调节的座椅和脚凳?
5	您在晶片分选作业中操作最为频繁、保持时间最长、最不舒适和最容易失误的动作分别是什么?
6	您认为在晶片分选作业中,存在哪些问题?如果有,麻烦您将各操作步骤下所遇到的问题都列举出来。
7	您在操作过程中身体会不适吗?如果有,主要是哪些部位?情况是否严重?
8	对于操作中遇到的问题,您平时是怎么解决的?
9	该设备即将进行优化改良设计,您有什么建议?
10	在产品优化设计中,您有哪些需求?您希望在设备中增加哪些功能?

我们对用户访谈结果进行整理后,得出用户在操作过程中最为频繁的动作是放置晶片和更换晶片,保持时间最长的单个动作是更换晶片,最不舒适的动作是在屏幕上进行各种操作和通过踩脚踏板来检测晶片数据。

我们以用户操作过程中的关键接触点为横轴,以各接触点处用户主观舒适度平均得分为纵轴来构建用户体验地图。然后将用户访谈中关于操作部分的问题进行整理后填入到用户体验地图中相应的接触点下方,同时,将用户在各接触点处不舒适的身体部位标记出来。最后,整理用户主观舒适度问卷,将各接触点处用户主观舒适度平均得分对应到用户体验地图中相应接触点上方,并将各个接触点处的评分进行连线,绘制出晶片分选作业的用户体验地图,如图2.9所示。

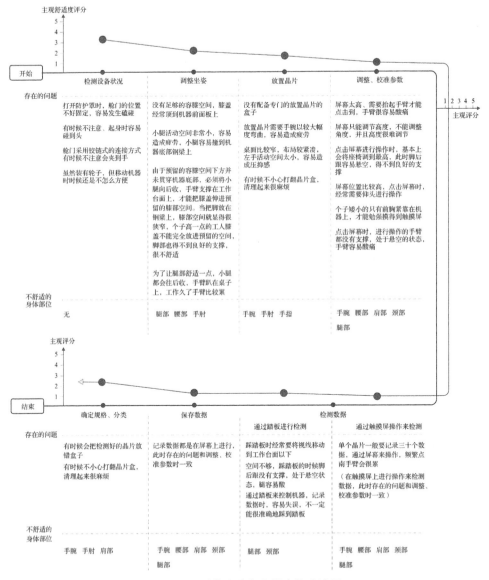

图 2.9　晶片分选作业用户体验地图

　　通过用户体验地图可知,用户在完成晶片检测的流程中,各个操作环节都存在一定的工效学问题,主要体现为产品尺寸设计不合理,工作空间布局存在一定的问题,没有足够的腿部活动空间,屏幕调节的高度范围有限,操作时比较费劲,拿取晶片时不太舒适。使用过程中不舒适的部位主要为颈部、肩部、手腕、腰部和腿部。用户对于检测设备状况时的主观舒适度评分相对较高,对放置晶片和确定规格的舒适度评分较低,对需要在屏幕上进行操作的各个环节评分都很低,此外,通过踩脚踏板来检测晶片数据的用户满意度也很低。

2.2　基于作业姿势的设备评估方法

2.2.1　快速上肢测评法

　　快速上肢测评(rapid upper limb assessment,RULA)法由英国工效学专家McAtamney 和 Corlett 研究得出。该方法是基于工作姿势进行的,其评估对象是工作流程中某个时间点的工人的作业姿势。根据上肢操作的特点,最常选用的工作姿势主要有操作过程中最为频繁的动作、保持时间最长的动作以及工人觉得最不舒适的动作。这些动作的舒适度可以通过用户访谈、问卷调查以及亲身体验来获取。

　　RULA 法将身体分为上肢(上臂、前臂、手腕)和躯干(颈部、躯干、腿部)两大部分来进行测评,先测量每个部分中各关节的评分并考虑外部的负荷条件,然后根据相应的得分查询表,分别测出上肢和躯干的工效学评分,再对两部分进行综合评估,得出 RULA 总评分,最后根据 RULA 总评分来确定该动作的舒适度等级,并确定该动作是否需要改进。

　　(1)RULA 上肢评分

　　①上臂姿势

　　观察操作者的工作姿势,根据上臂弯曲的状态进行评分,评分标准参照图2.10 和表 2.4。

应用人机工程与设计

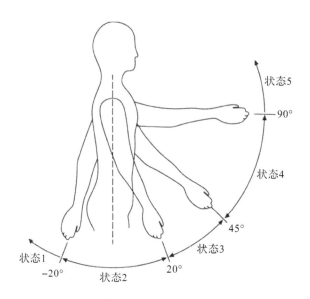

图 2.10　上臂姿势

表 2.4　上臂姿势评分

上臂状态	评分	额外评分
状态 2(后倾 20°～前倾 20°)	1	
状态 3(前倾 20°～45°) 状态 1(后倾>20°)	2	肩部抬起＋1 手臂外扩＋1 手臂有支持－1
状态 4(前倾 45°～90°)	3	
状态 5(前倾>90°)	4	

②前臂姿势

观察操作者前臂的工作姿势,根据前臂弯曲的状态进行评分,评分标准参照图 2.11 和表 2.5。

表 2.5　前臂姿势评分

前臂状态	评分	额外评分
状态 1(前倾 0°～60°)	2	
状态 2(前倾 60°～100°)	1	前臂外扩＋1 前臂交叉于胸前＋1
状态 3(前倾 100°以上)	2	

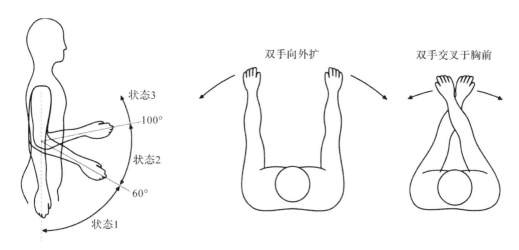

图 2.11　前臂姿势

③手腕姿势

观察操作者手腕的工作姿势,根据手腕弯曲的状态以及手腕扭转的角度进行评分,评分标准参照图 2.12 和表 2.6。

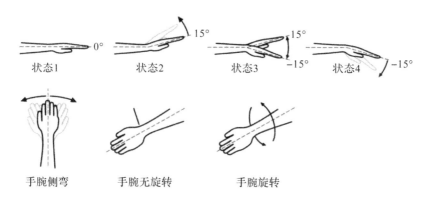

图 2.12　手腕姿势

表 2.6　手腕姿势评分

手腕状态	评分	额外评分
状态 1(无任何翻转)	1	手腕水平向两侧侧弯+1 手腕无旋转+1 手腕旋转+2
状态 2(向上翻转>15°)	3	
状态 3(向上翻转 15°~向下翻转 15°)	2	
状态 4(向下翻转>15°)	3	

④外部负荷和持续时间

工作中的各种负荷和长时间保持某个操作动作都会对工人的舒适性造成一定的影响,因此,在 RULA 法中也将手部负荷和姿势持续时间纳入了考量范围,具体评估方式参考表 2.7。

表 2.7 手部负荷与姿势持续时间评分

手部负荷与姿势持续时间	评分
没有负荷或小于 2 千克的临时负荷	0
2～10 千克的临时负荷	1
2～10 千克的临时负荷,10 千克以上的临时负荷	2
10 千克以上重复或持续的负荷、冲击	3
经常改变姿势	0
姿势保持静止,单次持续 1 分钟或每分钟重复 4 次以上	1

⑤RULA 上肢评分

通过对上臂、前臂、手腕的评分,综合考虑负荷和持续时间评分,结合表 2.8 可以得出上肢的 RULA 评分。上肢的总体评分为上肢查表评分、负荷评分和持续时间评分之和。

表 2.8 RULA 上肢评分

手臂评分	前臂评分	手腕评分							
		1		2		3		4	
		手腕扭转		手腕扭转		手腕扭转		手腕扭转	
		1	2	1	2	1	2	1	2
1	1	1	2	2	2	2	3	3	3
	2	2	2	2	2	3	3	3	3
	3	2	3	2	3	3	3	4	4
2	1	2	2	2	3	3	3	4	4
	2	2	2	2	3	3	3	4	4
	3	2	3	3	3	3	4	4	5
3	1	2	3	3	3	4	4	5	5
	2	2	3	3	4	4	4	5	5
	3	2	3	3	4	4	4	5	5
4	1	3	4	4	4	4	4	5	5
	2	3	4	4	4	4	4	5	5
	3	3	4	4	5	5	5	6	6

手臂评分	前臂评分	手腕评分							
		1		2		3		4	
		手腕扭转		手腕扭转		手腕扭转		手腕扭转	
		1	2	1	2	1	2	1	2
5	1	5	5	5	5	5	6	6	7
	2	5	6	6	6	6	7	7	7
	3	6	6	6	7	7	7	7	8
6	1	7	7	7	7	7	8	8	9
	2	7	8	8	8	8	9	9	9
	3	9	9	9	9	9	9	9	9

（2）RULA 躯干评分

① 颈部姿势

观察操作者颈部的工作姿势,根据颈部弯曲的状态,参照图 2.13 和表 2.9 进行评分。

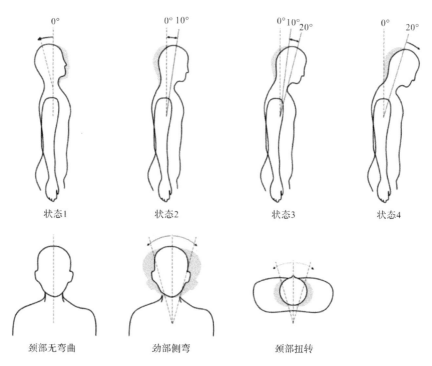

图 2.13　颈部姿势

表 2.9　颈部姿势评分

颈部状态	评分	额外评分
状态 1(头部竖直)	1	
状态 2(颈部前倾 0°～10°)	2	颈部侧弯＋1
状态 3(颈部前倾 10°～20°)	3	颈部扭转＋1
状态 4(颈部前倾>20°)	4	

②躯干姿势

观察操作者躯干的工作姿势,根据躯干弯曲的状态,参照图 2.14 和表 2.10 进行评分。

表 2.10　躯干姿势评分

躯干状态	评分	额外评分
状态 1(保持直立)	1	
状态 2(躯干前倾 20°)	2	躯干侧弯＋1
状态 3(躯干前倾 20°～60°)	3	躯干扭转＋1
状态 4(躯干前倾>60°)	4	

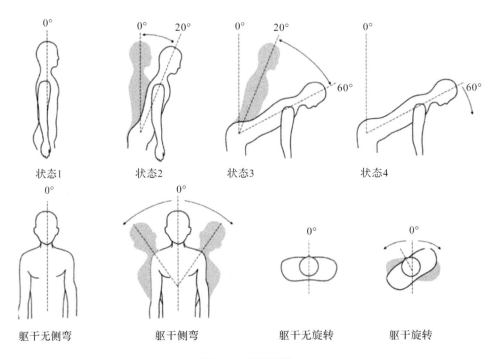

图 2.14　躯干姿势

③腿部姿势

观察操作者腿部的工作姿势,根据腿部的平衡状态,参照图 2.15 和表 2.11 进行评分。

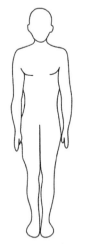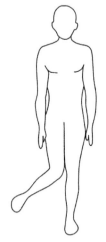

脚部有支撑,姿势平衡　　　脚部无支撑,姿势不平衡

图 2.15　腿部姿势

表 2.11　腿部姿势评分

腿部状态	评分
腿部有支撑,姿势平衡	1
腿部无支撑,姿势不平衡	2

④RULA 躯干评分

通过对工人颈部、躯干、腿部的评分,综合考虑外部负荷和动作持续时间的评分(参考表 2.12),结合表 2.9~2.11 可以得出躯干的 RULA 评分。躯干的总体评分为躯干查表评分、负荷评分以及持续时间评分的总和。

表 2.12　RULA 躯干评分

颈部评分	躯干得分											
	1		2		3		4		5		6	
	腿部评分		腿部评分		腿部评分		腿部评分		腿部评分		腿部评分	
	1	2	1	2	1	2	1	2	1	2	1	2
1	1	3	2	3	3	4	5	5	6	6	7	7
2	2	3	2	3	4	5	5	5	6	7	7	7

续表

颈部评分	躯干得分											
	1		2		3		4		5		6	
	腿部评分		腿部评分		腿部评分		腿部评分		腿部评分		腿部评分	
	1	2	1	2	1	2	1	2	1	2	1	2
3	3	3	3	4	4	5	5	6	6	7	7	7
4	5	5	5	6	6	7	7	7	7	7	8	8
5	7	7	7	7	7	8	8	8	8	8	8	8
6	8	8	8	8	8	8	8	9	9	9	9	9

（3）RULA 总评分

根据上肢和躯干部分的 RULA 评分，参照表 2.13 得出 RULA 总评分。

表 2.13　RULA 总评分

上肢评分	躯干评分								
	1	2	3	4	5	6	7	8	9
1	1	2	3	3	4	5	5	5	5
2	2	2	3	4	4	5	5	5	5
3	3	3	3	4	4	5	6	6	6
4	3	3	3	4	5	6	6	6	6
5	4	4	4	5	6	7	7	7	7
6	4	4	5	6	6	7	7	7	7
7	5	5	6	6	7	7	7	7	7
8	5	5	6	7	7	7	7	7	7
9	5	5	6	7	7	7	7	7	7

根据 RULA 总评分，参考表 2.14 的 RULA 舒适度等级，可以得出当前姿势的舒适度等级并获得相应的改进意见。

表 2.14　RULA 舒适度等级

等级	总分	处理对策
Ⅰ	1～2	比较舒适,可以接受
Ⅱ	3～4	稍有不适,必要时进一步调查和改进
Ⅲ	5～6	不太舒适,需尽快调查并做出改善
Ⅳ	7	不舒适,需要立即调查和改善

2.2.2　工作空间评估

（1）产品尺寸评估

在评估过程中，借助卷尺等测量工具对产品基本尺寸数据进行测量，将测得的数据与推荐尺寸进行对比，以判断当前产品的尺寸是否能满足基本的要求。若测得的数据与推荐尺寸一致，则当前产品尺寸合理，若数据存在偏差，则当前产品尺寸不合理，需要进一步改进。

（2）空间布局评估

工作空间的评估主要通过现场观察和用户工作过程录像回放来进行。可以在工作现场或实验室中模拟真实的生产环境，观察用户的作业过程，利用相机记录用户作业的整个过程，便于后续回放观察。

该过程主要观察用户作业过程中身体各部位是否有充足的活动空间，如常用的身体部位手臂是否有良好的支撑、各部件的布局是否都在用户的舒适操作范围以内、用户身体是否容易与机器发生磕碰等。若用户活动空间不足，身体得不到良好的支撑，常用操作部件不在舒适操作范围内，容易与机器发生磕碰，则说明当前产品的空间布局不合理，需要进行优化。

（3）眼动数据分析

通过眼动数据可以分析用户使用产品时的视觉注视点、兴趣区域以及视觉浏览轨迹等指标，从而辅助设计师判断工作空间的布局是否合理。在评估过程中，让用户佩戴 Tobii Glasses 眼动仪进行操作，操作结束后再对眼动数据进行分析，评估工作空间布局对用户操作过程的影响。Tobii Glasses 眼动仪是瑞典 Tobii 公司生产的眼镜式眼动仪，如图 2.16 所示。

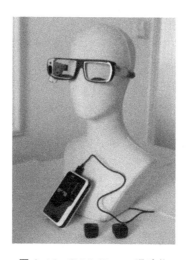

图 2.16　Tobii Glasses 眼动仪

根据晶片分选作业的特征,在晶片分选设备试验评估后的眼动数据分析中,最主要的评估指标是视觉扫描路径长度、时间和兴趣区域,如表 2.15 所示。

表 2.15 眼动评估指标

眼动指标	含义	在工作空间评估中的应用
视觉扫描路径长度	各取样视点之间距离的总和	扫描路径长度越长,搜索行为的效率越低。可以推断用户注意力的分配
视觉扫描路径时间	视觉搜索过程的时间,即完成任务时注视时间和眼跳时间之和	扫描路径时间越长,搜索行为的效率越低
兴趣区域	用户对所观测对象最感兴趣的区域范围,即注视点集中的区域	用户兴趣区反映了用户操作过程中视线集中的区域,由兴趣区的位置可以判断用户操作过程中是否需要经常移动自己的视线

2.2.3 用户主观舒适度评估

对产品进行工效学评估的目的是发现产品中存在的问题,并针对这些问题做出相应的改进,以提升用户使用产品时的舒适性。在产品工效学评估中,了解用户使用产品时的主观感受可以帮助设计师更好地判断产品是否符合工效学原理。

在晶片分选设备工效学评估中,我们根据用户使用产品时的感受设计了相应的主观舒适度评估问卷。在后续实验评估中,我们在实验结束后邀请测试用户就使用产品时各操作步骤的主观舒适度进行评分,评分为 1~5 分,3 分为合格,低于 3 分则表示用户此时的主观舒适度较低,需要进一步改进。

2.2.4 设备工效学评估指标建立

用户作业姿势受产品尺寸和空间布局的影响。在评估过程中,我们需要对产品尺寸和工作空间相关的项目进行评估。此外,用户主观舒适度也是评估时需要考虑的因素。综合本章前面的内容,我们制定了晶片分选设备工效学评估指标,如表 2.16 所示。

表 2.16 晶片分选设备工效学评估指标

一级指标	二级指标	三级指标
RULA 总评分	上肢评分	上臂评分
		前臂评分
		手腕评分
		手腕翻转评分
	躯干评分	颈部评分
		躯干评分
		腿部评分
	外部负荷与动作持续时间	外部负荷
		动作持续时间
工作空间	产品尺寸	工作台面高度
		工作台面宽度
		座椅高度调节范围
		脚凳高度调节范围
		触控屏高度
		触控屏离眼睛的距离
		腿部活动空间
		容膝空间
	空间布局	腿部有良好的支撑
		腿部有足够的活动空间
		手部有良好的支撑
		手部有足够的活动空间
		屏幕在舒适操作区域内
		踏板位置合理
		起身时与机器无磕碰
	眼动指标	扫描路径
		兴趣区域
用户主观舒适度	舒适度评分	

2.3 基于 RULA 评分的设备评估实验

本实验旨在以前文构建的晶片分选设备评估方法对合作企业的某型晶片

分选机进行评估,找出该产品设计中存在的工效学问题,并给出相应的优化设计方向。

　　实验通过模拟真实的生产环境对用户作业姿势的舒适度进行评估,并对用户操作过程中使用最频繁、最不舒适以及保持时间最长的姿势进行重点分析。实验完成后,再对被试进行回溯访谈和问卷调研,了解被试在操作过程中遇到的问题与主观感受。

　　由于晶片分选设备价格高昂,不能外借,并且合作企业的生产车间不满足实验所需条件,因此本实验选择在实验室中用 1∶1 的晶片分选机模型(图 2.17)进行实验。我们用木框架搭建机器的主体结构,在 iPad 上运行晶片分选机操作界面的原型来模拟机器操作。

图 2.17　某型晶片分选机 1∶1 模型

2.3.1　晶片分选设备的实验器材和环境

（1）实验器材

实验中用到的设备有两台相机（一台用于录像，一台用于拍照）、Tobii Glasses 眼动仪及其配套分析软件 Tobii Studio、Rhino 软件、笔记本电脑。此外，实验过程中还用到了直尺、纸张等工具（图 2.18）。

图 2.18　实验器材

（2）实验环境

为满足实验设备的正常使用环境，保证实验顺利进行，我们选择了一个光照条件良好、室内温湿度良好、噪声小、便于观测的工作室作为本次实验的场所（图 2.19）。实验过程中，对用户操作过程进行录像，并从不同角度拍摄晶片分选作业中关键动作的照片。

实验中，每次邀请 1 名被试进行实验，实验主持人负责联系被试并向被试讲解实验的任务与流程，指导被试进行测试，把控实验进程。记录员负责为被试拍照和录像，并在实验结束后对被试进行回溯性访谈和主观满意度问卷调查。实验过程中，主持人和记录员尽可能保持安静，若用户遇到较大困难，主持人可以适时提供帮助。

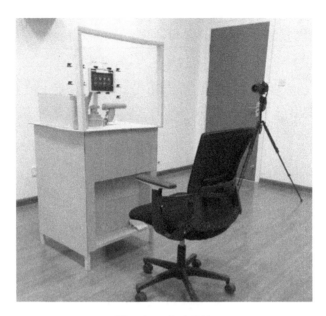

图 2.19　实验环境

2.3.2　晶片分选设备的实验任务和步骤

晶片检测作业的流程如下:开机—检查设备状况—放置晶片—设置、校准参数—检测数据—记录数据—确定规格。其中,检测数据可以通过两种方式进行,一种是在屏幕上点击检测按钮,一种是踩机器下方的脚踏板。根据晶片分选作业流程设置实验任务,如表 2.17 所示。

表 2.17　实验任务

序号	任务描述
1	调整设备状况
2	调整坐姿
3	将要检测的晶片放置到晶片检测台上
4	设置参数并进行校准
5	点击屏幕上的按钮进行检测
6	通过脚踏板进行检测
7	记录和保存检测数据
8	确定规格并进行分类

在本实验中,被试佩戴 Tobii Glasses 眼动仪来模拟真实的用户场景并进行实验。为了保持实验过程的完整性,实验任务都在同一个晶片分选作业流程中

完成。实验结束后,截取用户作业过程中完成各任务时的录像和眼动数据,分别对各个任务进行分析。

实验步骤如下。

①实验准备。准备好某型晶片分选机模型和实验器材,确定实验地点和实验方案,招募测试用户并对其编号,设计实验回访问卷等。

②进行预实验,根据实验结果决定是否需要修正实验流程,确定实验任务和用户舒适度问卷的内容。

③和被试约定好实验时间,按照被试编号,分时间段邀请被试来实验室进行实验。

④进行正式实验,在被试到达实验室后,向其讲解和示范实验流程与实验所要完成的任务,直至被试对实验任务和流程没有疑问。

⑤调试设备,让用户佩戴好 Tobii Glasses 后,利用 IR Marker 校准眼动仪,确保校准精度和追踪精度都达到三星及以上。打开相机并调好焦距,确保设备和被试都在相机的观察范围内。

⑥让被试以其舒适的姿势坐好后,打开相机录像功能,开始录制,同时 Tobii Glasses 也开始记录被试的眼动轨迹。在实验过程中,记录员对被试的一些关键动作进行各个角度的拍摄。

⑦在用户完成规定的任务和动作后,按下暂停键,让 Tobii Glasses 停止记录并保存好实验数据。

⑧实验结束后,对被试进行访谈并邀请用户填写主观舒适度问卷。

⑨向被试表示谢意并赠送礼品,同时留下用户的联系方式,方便后期有问题时及时联系。

⑩参照步骤④～⑨对剩下的被试进行实验,实验完成后保存好所有的实验数据,并将实验设备放回原处。

本实验共招募了 8 名测试用户,均为在校研究生,其中,女性测试用户 6 名,男性测试用户 2 名,被试年龄分布在 23～27 岁。所有被试都无肌肉骨骼手术经历,均为右利手,无近视眼和散光。所有被试均无晶片分选作业经验,都为普通用户。

2.3.3　晶片分选设备的实验数据分析

(1)各姿势 RULA 评分与舒适度等级

将用户操作过程中需要评估的姿势图片导入到 Rhino 软件中。

首先,按图 2.20 所示标注用户各关节的位置并进行连线,其中 AB 表示地表垂直线,∠ABC 表示躯干弯曲的角度,∠DCE 表示颈部弯曲的角度,∠BCF 表示上臂与躯干的角度,∠JFG 表示前臂与上臂之间的夹角,∠HGI 表示手腕偏转的角度,∠LKM 表示颈部弯曲的角度,∠CKN 表示躯干侧弯的角度。在后视图中还可以判断用户手腕的旋转角度以及手臂是否交叉和外扩。

 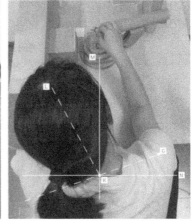

侧视图　　　　　　　　　　　　　　　　后视图

图 2.20　角度标注

其次,用 Rhino 软件中测量角度的工具来测量所需的关节间角度。

最后根据测得的角度,参照第 2.2 小节中 RULA 法的步骤对各个姿势进行评估。各姿势具体评分如下。

①用户调整好坐姿后的姿势评分。分别对每一名被试的上肢、躯干和 RULA 总评分进行计算并整理后,各被试的 RULA 评分如表 2.18 所示。

表 2.18　用户调整好坐姿后的姿势 RULA 评分

被试编号	RULA 评分		
	上肢评分	躯干评分	RULA 总评分
1	3	5	4
2	3	3	3
3	3	3	3
4	3	3	3
5	3	5	4
6	3	3	3
7	3	3	3
8	3	3	3

②拿取晶片的姿势评分。对该姿势下各被试的评分进行计算和整理后,该姿势的 RULA 评分如表 2.19 所示。

表 2.19　拿取晶片的姿势 RULA 评分

被试编号	RULA 评分		
	上肢评分	躯干评分	RULA 总评分
1	5	7	7
2	6	3	5
3	4	5	5
4	5	3	4
5	5	3	5
6	5	5	6
7	4	5	5
8	6	4	6

③将晶片放置到检测台时的姿势评分。对该姿势下各被试的评分进行计算和整理后,该姿势的 RULA 评分如表 2.20 所示。

表 2.20　将晶片放置到检测台时的姿势 RULA 得分

被试编号	RULA 评分		
	上肢评分	躯干评分	RULA 总评分
1	4	7	6
2	6	8	7
3	4	5	5
4	4	7	6
5	4	6	6
6	5	5	6
7	4	6	6
8	6	5	6

④点击屏幕时的姿势评分。对该姿势下各被试的评分进行计算和整理后,该姿势的 RULA 评分如表 2.21 所示。

表 2.21　点击屏幕时的姿势 RULA 评分

被试编号	RULA 评分		
	上肢评分	躯干评分	RULA 总评分
1	8	6	7
2	6	8	7
3	6	6	7
4	6	7	7
5	6	7	7
6	6	8	7
7	6	8	7
8	6	7	7

⑤脚踏板检测数据时的评分。对该姿势下各被试的评分进行计算和整理后,该姿势的 RULA 评分如表 2.22 所示。

表 2.22　脚踏板检测数据时的姿势 RULA 评分

被试编号	RULA 评分		
	上肢评分	躯干评分	RULA 总评分
1	3	6	6
2	4	4	5
3	3	6	6
4	3	3	4
5	3	3	4
6	2	5	4
7	3	4	4
8	3	6	5

根据被试各姿势的 RULA 评分,得出各姿势的舒适度等级和改进建议,如表 2.23 所示。

表 2.23　各姿势舒适度等级和改进建议

姿势	RULA 平均评分	RULA 评分众数	舒适度等级	建议
用户调整到工作前最舒适的坐姿状态	3.25	3	Ⅱ	稍有不适,需要进一步调查,必要时需要改进
拿取晶片的姿势	5.375	5	Ⅲ	不太舒适,需要在近期进一步调查和改进

续表

姿势	RULA 平均评分	RULA 评分众数	舒适度等级	建议
将晶片放置在检测台时的姿势	6	6	Ⅲ	不太舒适,需要在近期进一步调查和改进
点击屏幕时的姿势	7	7	Ⅳ	不舒适,需要立即调查和改进
脚踏板检测数据时的姿势	4.75	4	Ⅲ	不太舒适,需要在近期进一步调查和改进

由各动作的 RULA 评分可知,用户在晶片分选作业过程中,最关键的几个操作动作的舒适度都较低,都需要进一步调查和改进。

(2)工作空间评估

根据上文工作空间评估指标,产品工作空间评估结果如下。

①产品尺寸

根据产品的目标使用人群,我们参照国家标准重新计算了晶片分选机的基本尺寸。将 KXR-4000 型产品尺寸数据与根据产品目标使用人群计算得出的尺寸数据进行对比,结果如表 2.24 所示。

表 2.24　尺寸评估结果

产品各部件区域	推荐设计尺寸/cm	当前产品尺寸/cm	是否匹配
工作台面高度	71.9	90	否
工作台面宽度	100	68	否
座椅高度	43.5～50.4	—	—
脚凳高度	0～18	—	—
触控屏顶部高度	119.9	128～140	否
腿部空间高度	65.6	53	否
触控屏距身体的距离	43.3	51	否
容膝空间(深度)	44	12.5	否

通过数据对比发现,当前产品的主要尺寸数据与根据目标使用人群计算得出的尺寸数据存在较大差异,需要在后续产品改良设计中优化。

②空间布局

通过对被试操作行为的观察与分析,将其与评估指标进行对比,结果如表 2.25 所示。

表 2.25　空间布局评估结果

评估指标	指标满足程度
腿部有良好的支撑	踩踏板时脚后跟得不到良好的支撑,脚踝容易与机器发生碰撞
腿部有足够的活动空间	腿部空间与容膝空间小,用户只能将膝盖置于预留的腿部空间中,由于脚踝受机器的阻挡,不能将整个腿部都置于预留空间中,因而没有充足的腿部活动空间
手部有良好的支撑	需抬起手臂才能将手臂置于工作台上,并且左手只能靠在机器工作台面的前沿
手部有足够的活动空间	工作台面窄,双手容易碰到防尘罩,受工作台面部件布局的影响,左手活动空间非常狭小
屏幕在舒适操作区域内	屏幕距离肩关节的距离过远,用户需要身体前倾并扭转躯干才能点击到屏幕;屏幕位置过高,用户需要抬起手臂才能进行操作;屏幕位置偏右,并且触控按钮集中在屏幕右侧,操作时手臂外扩,颈部向右扭转
脚踏板位置	踏板离地高度为 15cm,使用时需抬起整个腿部,脚踏板时脚部得不到良好的支撑,不合理
起身时与机器无磕碰	防尘罩高度较低,用户起身时,头部偶尔会与防尘罩发生磕碰

通过对比可以发现,当前产品的工作空间布局很不合理,主要问题是产品尺寸不合理,用户活动空间不足,屏幕不在舒适操作区域内等。

③视觉轨迹分析

将 Tobii Glasses 记录的用户眼动数据导入到 Tobii Studio 软件中,并将用户实验过程中的眼动数据叠加到实验前拍摄的快照(Snapshot)上,如图 2.21 所示。图 2.21(a)为用户完成单个晶片检测作业流程时的视觉轨迹图,图 2.21(b)为用户完成单个晶片检测作业时的兴趣区域。

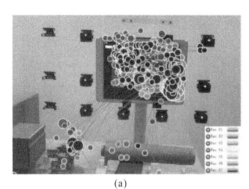 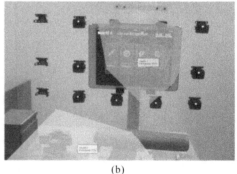

(a)　　　　　　　　　　　　　　(b)

图 2.21　视觉轨迹与兴趣区域

通过用户视觉扫描轨迹图 [图 2.21(a)] 可知,用户的视觉扫描轨迹主要在晶片盒、晶片检测台和屏幕之间跳转。用户通过踩踏板检测数据时,用户视觉扫描轨迹会移出工作台面。结合录像分析可知,由于脚踏板位置过高,用户脚踏板时会提前观察踏板的位置。用户的兴趣区域分为两个部分,一部分在屏幕上,一部分在操作台面上,并且屏幕区的兴趣区域偏离机器中心线。用户在操作过程中需要经常移动视线和向右偏转头部,这会造成颈部不适。

(3)用户回访问卷分析

对用户试验后填写的回访问卷数据进行统计,导入 Excel 表格中,求出用户在各个项目下的平均评分与标准差,如表 2.26 所示。

表 2.26 用户回访问卷统计

舒适度评估项目	N	极小值	极大值	均值	标准差
我能很明确地知道当前设备的状况	8	2	3	2.25	0.433
我能很快调整到比较舒适的坐姿工作状态	8	2	3	3.125	0.33
我能以舒适的姿势拿取晶片并将其放置到晶片检测台上	8	1	2	2.25	0.433
我能以舒适的姿势在触控屏上设置并校准各种参数	8	1	2	1.25	0.433
我能以舒适的姿势连续在触摸屏上检测多个数据	8	1	2	1.125	0.331
我能准确地通过踩脚踏板来记录数据	8	2	4	2.625	0.695
我能以舒适的姿势来踩脚踏板	8	1	2	1.375	0.484
操作过程中,我不会误踩脚踏板	8	3	4	3.125	0.331
操作过程中,我不需要经常调整我的姿势	8	2	3	2.25	0.433
操作过程中,我不需要经常转动头部	8	2	3	2.25	0.433
操作过程中,我的手部没有任何不适	8	1	2	1.125	0.331
操作过程中,我的颈部没有任何不适	8	1	2	1.875	0.331
操作过程中,我的腰部没有任何不适	8	2	3	2.25	0.433
操作过程中,我的腿部没有任何不适	8	1	3	1.875	0.599
操作过程中,我不会感觉到有心理压迫感	8	2	4	3.125	0.599
总体来说,我能很容易地完成任务	8	2	4	2.875	0.599
操作过程中,我没有感到任何不适	8	1	2	1.625	0.484

根据用户回访问卷统计结果可知,用户的各项舒适度主观评分介于 1.125 和 3.125 之间,总体评分都比较低。除了在最开始时调整姿势的评分较高,开始工作

后,用户的手部、颈部、腰部和腿部的舒适度评分都比较低,其中,用户点击屏幕时的主观评分最低,为 1.125 分。由于容膝空间和腿部活动空间小,并且踏板位置较高,用户踩脚踏板时脚部得不到良好的支撑,导致腿部舒适度评分也较低。

2.3.4 晶片分选设备的优化设计方向及结论

(1)实验结论

综合用户操作过程中各关键姿势的 RULA 评分、工作空间的分析结果以及用户满意度问卷分析结果,可以得出如下结论。

①晶片分选作业流程中各关键姿势的舒适度都比较差,尤其是用户点击屏幕的姿势,达到了最高的Ⅳ级(最不舒适),需要立即进行调查并做出相应的改进。拿取晶片、将晶片放置到检测台上、踩踏板来检测晶片数据等动作的舒适度等级为Ⅲ级(不太舒适),需要尽快调查并改善。用户工作前调整到最舒适的状态,此时舒适度等级为Ⅱ级(稍有不适),但检测作业开始后,用户舒适性却大幅下降,原因是用户在操作过程中为了以相对舒适的姿势完成任务而经常变换身体姿势。

②造成用户操作不适的主要原因有两个:一是产品尺寸不合理,二是产品工作空间布局不合理。产品尺寸不合理,导致用户手部和腿部没有足够的活动空间。如当前产品的容膝空间尺寸过小,上下没有贯通,没有发挥其应有的作用,有时候甚至会影响用户操作。工作台面尺寸偏小,手部得不到良好的支撑,会加剧用户手部的不舒适性。屏幕位置高于用户坐姿状态水平视线,用户操作过程中经常需要抬起头部才能更好地观测屏幕上的数据,这会造成颈部不适。产品工作空间布局不合理,导致用户以不合理的姿势进行操作。如触控屏位于机器的右上方,用户操作过程中需要经常扭转头部,使触控屏位于最佳视线区域内,容易导致用户颈部不适。踏板位置设置不合理,用户踩踏板时脚后跟得不到良好的支撑,容易造成腿部疲劳。

③分析用户视觉浏览轨迹可以发现,用户操作过程中的注视点集中在身体中线偏右的区域,操作过程中视觉扫描路径集中在晶片检测台与屏幕之间,并且扫描路径较长,在踩踏板进行操作时用户的扫描路径会偏移出作业面。这说明当前用户搜索效率较为低下,且用户需要经常移动自己的视线,并对工作空间的布局进行相应优化。

(2)优化设计方向

根据评估结果,可以从以下几个方面进行优化。

①晶片分选机的目标使用人群为女性,在本章中,我们参照中国成年女性人体尺寸数据对晶片分选机的尺寸进行了再设计,并给出了参考值,后续产品应基于该尺寸进行优化设计。

②用户操作过程中最频繁、保持时间最长的动作有拿取晶片、将晶片放置到检测台上和点击屏幕检测数据(或踩踏板检测数据)。这些动作主要依靠上肢和腿部来完成,因此在设计过程中需要为用户手部和腿部提供充足的活动空间与良好的支撑。

③工作空间布局中,用户最常操作的部件如触控屏、晶片盒、晶片检测台等都应置于舒适操作区域内。触控屏应置于机器中心部位,以减少用户颈部扭转和视线跳转。踏板置于地平面上,便于用户获得良好的腿部支撑,减少用户踩踏板时的不适,同时也可以考虑用其他快捷的检测方式来代替踩脚踏板检测数据。

④整理和分析用户访谈时收集的用户需求,与合作企业沟通后,将其中合理的需求加入到产品改良设计中去,提升用户的主观满意程度。

2.4　基于评估数据的优化设计实践

2.4.1　基于 Kano 模型的用户需求分析

获取用户需求后,可以借助 Kano 评估表对用户的需求进行整理[15]。该方法假设产品满足某需求和不满足某需求的两种状态,向用户提问,根据此时用户的反应来判断该需求属于哪种类型,每个问题都有 5 个选项可供选择(表2.27)。其中,A 表示兴奋型需求,O 表示期望型需求,M 表示必备型需求,R 表示反向需求,I 表示无关需求,Q 表示可疑矛盾需求。

表 2.27　Kano 评估

用户对需求的态度		不满足该需求				
		很喜欢	理所当然	无所谓	勉强接受	很不喜欢
满足该需求	很喜欢	Q	A	A	A	O
	理所当然	R	I	I	I	M
	无所谓	R	I	I	I	M
	勉强接受	R	I	I	I	M
	很不喜欢	R	R	R	R	Q

参照 Kano 评估表,邀请设计师从正反两方面对用户每一项需求进行评估,将用户的需求对应到相应的类别之中。整理之后的用户需求分类如表 2.28 所示。

表 2.28　用户需求分类

需求分类	属于该类需求的需求编号
必备型需求	3、14、15、16、18、19、24、25、31、32、33、34
期望型需求	5、6、7、10、11、12、13、20、21、23、26、27
兴奋型需求	1、2、4、8、9、28、29、30
反向需求	—
无关需求	17、22

将用户进行需求分类以后发现,用户的需求主要集中在必备型需求、期望型需求和兴奋型需求三类。

必备型需求方面,用户需求集中体现在产品尺寸和空间布局上,如手臂能得到更好的支撑,能有更大的腿部活动空间,能更方便地拿取晶片,能更舒适地点击屏幕等。

期望型需求方面,用户的很多需求是在必备型需求上的拓展,是在产品可用的基础上提升使用的舒适性。如用户希望能更轻松地放置晶片,能有多种反馈方式提示自己当前的工作状态和进度,能获得比当前更高效的清理灰尘和碎屑的方式等。期望型需求是决定用户满意度的关键,后续优化设计中应该重点考虑该类型的需求。

兴奋型需求方面,用户的主要目的是获得更好的使用体验,如能联网获得远程指导,能将数据上传到云盘进行保存,能获得比当前更有效、更舒适的检测方式。

整理好用户需求后,我们与企业就用户需求进行了讨论,最后根据企业实际情况,对用户需求的优先级进行划分,如表 2.29 所示。

表 2.29　用户需求优先级

需求优先级	需求名称
可以进行优化的需求	产品基本尺寸、工作空间布局、增加不易打翻的晶片盒、便于保养和维修的结构设计、防尘罩设计
需要进一步考虑的需求	采用压缩空气来清理桌面灰尘和碎屑、多种反馈方式(需要在下一代操作软件中设计)、更换显示屏(需要软件支持)
维持现状的需求	X 光管与单射器、晶片检测台、信号接收器的相对位置保持不变、只能整体进行移动

2.4.2　晶片分选设备的优化设计方案

我们根据前文工效学评估实验给出的优化设计方向,结合用户需求分析的结果,参照前文中基于目标用户人群计算得出的晶片分选设备基本尺寸数据,对某型晶片分选机的外观进行了相应的优化设计。

设计过程中,我们邀请了几名设计专业的同学一起进行头脑风暴并绘制了多个晶片分选设备的方案草图。在经过多次方案草图的迭代优化后,最终选定了三个设计方案,方案效果如图 2.22~2.24 所示。

方案 1 是根据企业要求,在原有机器的基础上调整产品尺寸,并对防尘罩做了优化处理后设计出的方案。用红外感应开关代替了脚踏板来检测数据,用户在设置并校准好参数后,将晶片放置到检测台上,用手在红外感应开关处感应一下即可。

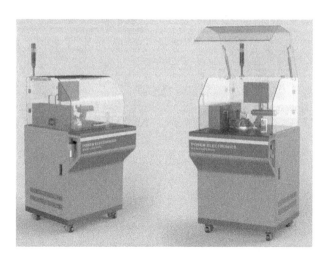

图 2.22　方案 1

方案 2 则在控制加工成本的前提下,通过外观的改变对晶体机进行改良,侧边造型显得更有工业科技感。当然,该方案对表面加工工艺要求较高。

方案 3 则将设计侧重于用户行为,各个细分部件尽量按照用户原始使用习惯进行设计。保留检测数据的脚踏板,防尘罩也只是根据工程尺寸做了优化处理。

图 2.23　方案 2　　　　　　　　　　　　图 2.24　方案 3

在完成晶片分选设备的优化设计后,为了选定最终的设计方案,我们采用德尔菲法来判定最优的方案。具体操作如下。

①为了确定晶片分选设备方案评估的指标,我们选取了具有多年产品设计经验的 6 名工业设计师进行问卷调研,邀请他们给出晶片分选设备设计评估过程中需要参照的标准。

②对问卷结果进行归纳整理后,将专家评估晶片分选设备时的评估指标归纳为外观、工效学、成本、易用性、加工工艺五大类,如表 2.30 所示。将分类后的评估指标再次发送给专家并征求意见,专家对此次问卷所归纳的评估标准表示赞同。

表 2.30　晶片分选设备设计方案评估指标

评估指标分类	评估指标内容
外观	简洁美观;沉稳大气;重心稳定,给人安全稳定的心理感受;整体性强;做工精细;有科技感;层次明显
工效学	采用坐姿工作;腿部有较大活动空间;手部有良好的支撑;屏幕高度、角度可调节;触控屏幕在舒适范围以内;操作动作过度柔和;操作效率;充足的容膝空间;合适的工作台面高度;高度可以调节的座椅与脚凳;与身体接触的块面应避免各种按钮,动作过渡柔和;采光好;良好的触感;占用空间大小;手眼是否协调;工作负荷
成本	材料价格;包装、运输成本;加工制造成本;标准件占总零件的比重;模具成本;加工效率;用户学习成本

评估指标分类	评估指标内容
易用性	操作便捷;开关、紧急按钮便于寻找;指示灯位置明显;反馈方式合理;可维护性;便于移动;操作步骤少;操作时间提示;易于清洁;易拿取和放置晶片;操作界面的易用性;安全性;防尘;使用愉悦性;操控性;不容易造成误操作;便于维修保养
加工工艺	材质;纹理;色彩;表面处理工艺;加工、组装工序;可实现性

③确定各评估指标的重要度指数。评分采用李克特量表法进行,邀请专家对各指标在晶片分选设备方案评估中的重要性进行评分,评分为 1～5 分,分数越大,表示该指标越重要,5 分的重要度指数为 1,4 分为 0.75,3 分为 0.5,2 分为 0.25,1 分为 0。重要度指数的计算方法如下:设专家对某一指标选择 1～5 分的人数分别为 N_1,N_2,N_3,N_4,N_5,用 N_{all} 表示专家总人数,则:

重要度指数 $=(N_1 \times 0 + N_2 \times 0.25 + N_3 \times 0.5 + N_4 \times 0.75 + N_5 \times 1)/N_{all}$

对专家的问卷进行整理后,各指标重要度指数评分如表 2.31 所示。

表 2.31　专家对各评估指标重要度指数评分

评估指标	专家编号						平均分	重要度指数
	1	2	3	4	5	6		
外观	3	3	3	3	4	3	3.167	0.542
工效学	5	5	5	5	5	5	5	1
成本	4	3	3	4	3	4	3.5	0.625
易用性	3	5	4	4	4	5	4.167	0.792
加工工艺	4	5	3	3	4	3	3.667	0.667

④邀请专家就之前的设计方案从外观、工效学、成本、易用性和加工工艺五个方面来评分(1～5 分),方案对评估项目的满足度越高,评分也就越高。各方案评分如表 2.32～2.34 所示,其中重要度评分为该项目平均分乘以该项目重要度指数后的评分,方案总评分为各项目重要度评分的总和。

表 2.32　方案 1 专家评分

专家编号	外观	工效学	成本	易用性	加工工艺
1	4	4	4	3	4
2	4	3	5	4	5
3	5	4	4	3	4
4	4	4	4	3	4
5	5	4	3	4	3
6	4	4	4	3	4
平均分	4.333	3.833	4.000	3.333	4.000
重要度评分	2.348	3.833	2.500	2.640	2.668
方案总评分	13.989				

表 2.33　方案 2 专家评分

专家编号	外观	工效学	成本	易用性	加工工艺
1	5	4	4	4	4
2	4	4	3	4	4
3	4	4	4	3	4
4	4	4	3	4	4
5	4	5	4	4	4
6	5	4	4	4	3
平均分	4.333	4.167	3.667	3.833	3.833
重要度评分	2.348	4.167	2.292	3.036	2.557
方案总评分	14.400				

表 2.34　方案 3 专家评分

专家编号	外观	工效学	成本	易用性	加工工艺
1	4	4	4	5	4
2	4	5	3	5	4
3	4	5	4	4	4
4	5	4	3	5	4
5	4	5	4	4	5
6	4	5	5	4	4
平均分	4.167	4.667	3.833	4.500	4.167
重要度评分	2.259	4.667	2.396	3.564	2.779
方案总评分	15.665				

⑤将各方案的总评分进行对比,方案 3 评分最高。在和合作企业进行沟通后,选定方案 3 为本次优化设计的方案。

2.4.3　设计方案工效学验证实验

(1)评估实验

为了进一步评估方案 3 的工效性,我们按照方案 3 的尺寸制作了 1∶1 的模型(图 2.25)来进行工效学验证。

图 2.25　优化方案模型

　　该实验的实验器材和环境、实验任务与步骤参照前一节的实验进行,并邀请参加过之前工效学评估实验的被试来进行实验,这样有利于更好地了解被试对改进前后产品的主观使用感受。

　　(2)实验数据分析

　　实验完成后,实验数据分析结果如下。

　　①各姿势 RULA 评分与舒适度等级

　　用户操作过程中,各关键姿势的 RULA 评分如表 2.35 所示。

　　根据被试各姿势的 RULA 评分,得出各姿势的舒适度等级和改进建议,如表 2.36 所示。

表 2.35　用户各姿势 RULA 评分

姿势名称	被试编号							
	1	2	3	4	5	6	7	8
调整好坐姿后的姿势	2	2	1	2	1	2	2	1
拿取晶片的姿势	2	2	2	2	3	2	2	3
将晶片放置到检测台时的姿势	3	3	2	2	3	3	3	2
点击屏幕进行操作时的姿势	2	2	2	2	2	2	2	2
踩踏板检测数据时的姿势	1	2	2	2	1	2	2	1

表 2.36　各动作舒适度等级和改进建议

姿势名称	RULA 平均分	RULA 评分众数	舒适度 等级	建议
调整好坐姿后的姿势	1.625	2	I	比较舒适,可以接受
拿取晶片的姿势	2.250	2	I	比较舒适,可以接受
将晶片放置到 检测台时的姿势	2.625	3	II	稍有不适,必要时做进一步调查和 改进
点击屏幕进行操作时的姿势	2.000	2	I	比较舒适,可以接受
踩踏板检测 数据时的姿势	1.625	2	I	比较舒适,可以接受

由各关键姿势的 RULA 评分和舒适度等级可知,RULA 评分都较低,用户在使用优化后的产品时舒适度都较高。

②空间布局

通过对被试操作行为的观察与分析,将指标满足程度与评估指标进行对比,结果如表 2.37 所示。

表 2.37　空间布局评估结果

评估指标	指标满足度
腿部有良好的支撑	用户腿部能获得良好支撑
腿部有足够的活动空间	腿部空间充足
手部有良好的支撑	与水平面呈 24°夹角的斜面能为用户手部提供良好的支撑
手部有足够的活动空间	手部活动空间充足
屏幕在舒适操作区域内	屏幕置于机器中心位置,位于手眼协调操作区域范围内
踏板位置合理	踏板置于地平面上,用户踩踏板时能获得良好的腿部支撑
起身时与机器无磕碰	对防尘罩进行了优化设计,整体位置向后移动,改进了防尘罩开合 方式,用户起身时不会与防尘罩发生磕碰

通过对比得出,当前产品的工作空间布局较为合理,用户操作过程中有充足的活动空间,手部和脚部都能获得良好的支撑。

用户视觉轨迹与兴趣区域如图 2.26 所示。图 2.26(a)为用户完成单个晶片检测流程的视觉轨迹图,图 2.26(b)为用户在作业过程中的兴趣区域。

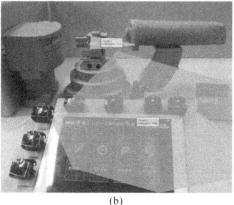

(a)　　　　　　　　　　　　(b)

图 2.26　视觉轨迹与兴趣区域

用户操作过程中注视点集中在工作台面上,视觉扫描路径主要集中在晶片放置盒与检测台、检测台与触控屏之间,视觉扫描路径距离较短,搜索效率较高。用户腿部空间得到了优化,能以舒适的姿势踩踏板来检测数据,无须在踩踏搬前先确定踏板的位置,因此踩踏板检测数据时视觉扫描路径不需要跳出工作台面。用户兴趣区域集中在工作台面处,并且位于机器的中心线附近,用户无须转动颈部就能舒适地浏览整个操作区域,可以有效地减轻颈部的不适。

③用户回访问卷分析

对用户试验后填写的回访问卷数据进行统计,导入 Excel 表格中,求出用户在各个项目下的平均评分与标准差,如表 2.38 所示。

表 2.38　用户回访问卷统计

舒适度评估项目	N	极小值	极大值	均值	标准差
我能很明确地知道当前设备的状况	8	3	4	3.75	0.433
我能很快调整到比较舒适的坐姿工作状态	8	4	5	4.5	0.5
我能以舒适的姿势拿取晶片并 将其放置到晶片检测台上	8	3	4	3.25	0.433
我能以舒适的姿势在触控屏上 设置并校准各种参数	8	4	5	4.125	0.311
我能以较为舒适的姿势连续在触摸 屏上检测多个数据	8	3	4	3.875	0.331
我能准确地通过踩脚踏板来记录数据	8	4	5	4.25	0.433

续表

舒适度评估项目	N	极小值	极大值	均值	标准值
我能以舒适的姿势来踩脚踏板	8	3	5	4.125	0.599
操作过程中,我不会误踩脚踏板	8	3	5	4	0.5
操作过程中,我不需要经常调整我的姿势	8	3	4	3.875	0.331
操作过程中,我不需要经常转动头部	8	3	4	3.75	0.433
操作过程中,我的手部没有任何不适	8	3	4	3.5	0.5
操作过程中,我的颈部没有任何不适	8	3	5	4.125	0.599
操作过程中,我的腰部没有任何不适	8	3	5	4	0.5
操作过程中,我的腿部没有任何不适	8	4	5	4.625	0.484
点击屏幕进行操作时,我的手部没有任何不适	8	3	5	4	0.5
操作过程中,我不会感觉到有心理压迫感	8	4	5	4.375	0.484
总体来说,我能很容易地完成任务	8	4	5	4.25	0.433
操作过程中,我没有感到任何不适	8	3	5	4	0.5

根据用户回访问卷统计结果可知,用户在各评估项目处的平均评分介于 3.500 和 4.625 之间,总体评分都比较高,各项目评分的标准差介于 0.311 和 0.599 之间,评分波动性小。这说明用户对当前产品的使用舒适性都比较认可。

参考文献

[1] 郭伏,钱省三.人因工程学[M].北京:机械工业出版社.2006.

[2] 陈波,李冬屹,张旭伟,等.石油钻机司钻工作空间设计[J].石油矿场机械,2007,36(9):33-37.

[3] 蔡敏,商滔,汪挺.工位的人类工效学设计及仿真研究[J].人类工效学,2015,21(4):57-61.

[4] 邓丽.基于人体姿势驱动的工作空间设计与研究[D].成都:西南石油大学,2011.

[5] 易熙琼,陈浩淼,何风梅.基于姿势特征的办公桌水平作业域优化研究[J].人类工效学,2014,20(5):47-49.

[6] 赵仕奇,黄银花,殷红梅,等.卫生香振动送料包装机的人机工程学设计[J].包装工程,2015,36(23):99-102.

[7] 赵新灿,左洪福,任勇军.眼动仪与视线跟踪技术综述[J].计算机工程与应用,2006(12):118-120.

[8] 朱人可.夜视环境下城市道路驾驶人视觉搜索模式研究[D].合肥:合肥工业大学,2015.

[9] 韩飞.基于风格特征的居室集成吊顶设计研究[D].杭州:浙江工业大学,2015.

[10] 田芸,于赛克,周前祥,等.眼动指标在脑力疲劳研究中的应用分析[J].人类工效学,2015,21(4):69-73.

[11] Kano N,Takahashi F. Attractive quality and must-be quality[J]. The Journal of Japanese

Society for Quality Control,1984,41(2):39-48.

[12] 冯蔚蔚,李宇晟,辛向阳.基于 Kano 模型的家庭健身车改良设计研究[J].机械设计,2015,32(8):113-116.

[13] 冯青,余隋怀,杨雷.基于 Kano 模型的应急通信车设计[J].机械设计,2015,32(9):111-115.

[14] 唐中君,龙玉玲.基于 Kano 模型的个性化需求获取方法研究[J].软科学,2012(2):131-135.

[15] Matzler K，Hinterhuber H H. How to make product development projects more successful by integrating Kano's model of customer satisfaction into quality function deployment[J]. Technovation,1998,18(1):25-38.

第3章　护理床界面可用性评估及优化

　　本章以社区康复背景下的护理床项目为例,阐述护理床的界面设计以及可用性。传统的护理床一般由医护人员操作,操作界面往往复杂而专业,而家庭场景下的护理床则由普通家庭成员操作,家庭成员在康复护理知识、医疗器械操作知识方面均缺乏专业性。因此,如何提供一种易学、易用、可靠的高可用性操作界面是我们研究的重点,"可用性"概念的引入也正是出于这样的考虑。

　　首先,建立护理床界面可用性评估体系,明确护理床界面的可用性因子及其权重分布,从而确定护理床界面的可用性目标,指导界面设计;然后,通过形成性可用性评估,对护理床界面进行反复评估设计,从而得到最终的界面方案;最后,对护理床界面方案进行总结性可用性评估,依据可用性评估体系,从主客观方面对护理床界面方案进行全面的可用性评估。

　　在护理床界面可用性评估体系建立的过程中,首先通过文献研究收集全面的常见可用性因子,并通过用户研究、场景任务研究对可用性因子进行初步筛选;接着,我们在传统可用性分层模型的基础上建立了3F2M模型,将上述可用性因子整合进模型,得到初步的护理床可用性评估体系(无权重);最后,通过层次分析法对评估体系中的因子进行赋权,得到最终的护理床界面可用性评估体系。

3.1　可用性及相关理论方法

3.1.1　可用性工程与评估方法

　　可用性工程是一门致力于为人机交互产品提供高可用性和用户友好性的学科,它为界面设计过程提供了一种结构化方法[1]。可用性工程包括一套工程过程、方法、工具和国际标准,它应用于产品生命周期的各个阶段,核心是以用户为中心的设计方法论,强调以用户为中心来进行开发,能有效评估和提高产品可用性质量,弥补了常规开发方法无法保证可用性的不足[2]。

可用性工程不是一套可用性准则或者指导方针,而是一种更加偏重过程的可用性方法。不同的产品对应的用户群体和用户目标均有所不同,因此产品的可用性评价标准也各有侧重。如对于生产工具类产品而言,效率将作为第一可用性因素。而对于医疗产品来说,容错性则是重中之重。这就导致有些情况下的高可用性在其他情况下可能是糟糕的,所以所有关于产品可用性的终极指南都将是徒劳。然而,可用性工程的过程是一个成熟的结构化过程,它以真实用户为核心,这些过程将适用于所有的界面设计项目。

可用性评估方法按照目的可以分为两种类型:形成性评估和总结性评估[2]。形成性评估存在于产品开发的过程中,一般对设计稿进行定性评估,旨在改进界面设计。总结性评估则存在于产品开发的后期,甚至在产品上线之后,旨在评定界面的最终质量,从而对一个界面产品给出全面而定性的可用性报告,同时为下一版本给出可用性建议和指导。

以尼尔森(Nielsen)的可用性工程为基础的几种较新的可用性评估方法如表 3.1 所示[1]。

表 3.1　可用性评估方法及其属性

评估方法	所属类型	所需人数	优点	缺点
边做边说	形成性评估/总结性评估	3～5 人	准确了解用户的想法;成本低	对用户要求高,实验人员招募困难;用户操作不自然
协同交互	形成性评估	≥10 人	准确了解用户的思维方式、操作方式;评估人员共同参与,感受真实,不容易产生误解	需要较多的评估人员;操作有一定程度的不自然
认知走查	形成性评估	3～5 人	成本低;评估速度快;无须招募真实用户	专家不是用户,可能遗漏部分可用性问题;评估结果较依赖专家水平
启发式评估	形成性评估	3～5 人	能发现单个可用性问题;能发现熟手用户的可用性问题	专家不是用户,只能发现部分可用性问题;评估效果较依赖专家水平
观察	形成性评估/总结性评估	1～3 人	发现真实用户的明显可用性问题;易于操作	不易安排实验过程;测试用户数量无法保障

续表

评估方法	所属类型	所需人数	优点	缺点
访谈	形成性评估/总结性评估	1～3 人	了解用户的动机与偏好;了解用户行为背后的原因;灵活易操作	需要准备脚本;访谈时间成本高
焦点小组	形成性评估/总结性评估	6～9 人	可以深入了解用户想法与态度;产生新颖的见解和设计素材	人力成本高;时间成本高;分析困难,分析效果不可控;对主持人要求高
问卷	总结性评估	≥30 人	问卷发放成本低,可以得到大样本数据,误差小;较易发现用户偏好	问卷制作成本高;用户在未使用产品的情况下很难形成准确的客观评价;问卷数据整理、分析成本高
眼动测试	总结性评估	≥10 人	得到定性可靠的数据;能够进行科学的分析;能够得到全面的数据	实验设备要求高;实验环境要求高;实验成本高;实验人力投入多;实验周期长;数据分析周期长
上线反馈	总结性评估	≥100 人	可以得到大样本数据,实验误差小;可以得到用户在真实环境中使用真实产品的观点;可以动态跟踪用户的想法	需要技术配合;用户抱怨掺杂较多的主观性;数据收集周期长、成本高,数据分析成本高

由于项目成本的限制,一个项目不可能采用所有的可用性评估方法。对于可用性方法的选取,可以权衡可用性成本投入与评估效果,采取多种方式组合的形式。对于形成性评估而言,可以采取仅专家参与的评估方法与真实用户测试结合的方式。专家获取一般为团队成员,所以在获取成本上具有优势。同时也可以在大成本的用户测试之前解决掉较为明显的可用性问题,从而降低用户测试过程中的成本。真实用户测试可以发现专家测试无法发觉的可用性问题,能从更加真实的角度评估产品的可用性。两者的评估结果是互补而不重复的。在本章中,我们主要使用了启发式评估、绩效度量法、回溯性访谈和满意度问卷调查等可用性方法。下面对此进行简要的介绍。

(1)启发式评估

启发式评估[3]又叫经验性评估,是专家根据可用性指南(准则)对产品进行可用性评估的方法。启发式评估是一种常见的可用性评估方法,一般安排在项目开发早期。界面有初步设计稿后进行启发式评估的评估人员可以是"可用性专家"或"领域专家"。评估专家人数建议 3～5 个;评估过程中,每个专家独立评估。专家使用界面至少 2 次,第 1 次浏览整个界面的概况,第 2 次将注意力集中在界面的细节上。专家可以负责记录可用性问题点,也可以只负责操作。若实验安排专家记录可用性问题点,则记录人员只需观察专家的使用过程,实验结束后检查专家的记录表,查看是否有疑点存在。若实验安排专家只进行界面操作,则实验人员需要记录专家在使用过程中的可用性问题点,并在实验结束后与其进行讨论。

(2)绩效度量法

绩效度量法是指用户通过在实验室环境中完成一组典型性任务,测量任务完成过程中完成度、时间、出错、求助、迟疑等定量数据。绩效度量法作为一种定量的测试方法,一般与定性的测试方法结合使用,如回溯性访谈和满意度问卷。随着技术的发展,绩效度量法也引进了更为先进的测试工具,如眼动仪、行为分析仪、表面肌电记录仪、脑电设备等。这些设备通过采集的各方面数据来反映可用性的某些指标。绩效度量法对设备、实验环境、实验人员数量、测试用户数量、数据分析等方面的要求均比较高,但其可以得到科学的、定量的用户测试数据。且随着技术的更新,其测试的方便程度、成本、精度都会得到不断的优化,具有较好的前景。绩效度量法一般用于总结性评估,生成全面科学的可用性报告,同时,也为产品下一版本的设计提供了重要的可用性建议。

(3)回溯性访谈和满意度问卷调查

在实验室测试后,需要对测试用户进行回溯性访谈和满意度问卷调查。一方面,这两种方法的应用意在通过用户主观层面数据的获取,消除实验人员及数据分析人员对实验客观事实可能存在的偏见。另一方面,这两种方法的运用,也对数据分析起到很好的引导作用。要知道单纯凭借数据是很难还原用户当时所想的。在访谈结束后,实验人员需要及时书写一份回访简报,以供后期数据分析时使用。在实验分析阶段,回溯性访谈和满意度问卷的结果可以被整理为定量的数据,结合绩效度量法,共同描述可用性的各个方面。

3.1.2　可用性指标分析

可用性指标是可用性量化评估的基础。一个产品是否达到其设定的可用性目标,主要通过可用性指标的数据来衡量。值得注意的是,可用性指标并不是恒定不变的,它是随着产品、用户和目标动态变化的。同一指标在不同产品中的权重可能不同,甚至某一常规指标在某些产品的可用性指标中并不存在。例如,效率指标是最为常见的可用性指标,但在游戏产品中,效率指标可以忽略不计;错误指标对于画图软件来说无关紧要,但对于医疗产品来说则至关重要。所以,对于一个新产品而言,重新确立起可用性测试指标及其指标权重是非常必要的。

3.1.3　层次分析法

层次分析法[4](analytic hierarchy process,AHP)是将与决策有关的因素分解成目标、准则、方案等层次,并在此基础之上进行定性和定量分析的决策方法,最早由 20 世纪 70 年代初期美国运筹学家萨迪(Saaty)提出。层次分析法一般建立在专家咨询的基础上,以专家数据作为层次分析法的物料。层次分析法具有定性与定量结合、系统科学、简洁实用、所需定量数据少等优点。层次分析法除了可用于决策辅助外,还可以用于权重计算。

层次分析法的结构模型至少包含 3 个层次,同一层次的因素从属于上一层次且对上一层次有影响,同时又支配下一层次的因素并受到下一层次因素的影响。最上一层为目标层,一般只有一个因素;最下一层为方案层;中间可以有 1 个或者多个层次,且同样满足上下从属关系的逻辑。层次结构模型如图 3.1 所示。

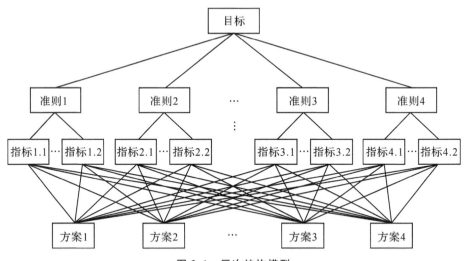

图 3.1　层次结构模型

层次分析法首先将一个目标分解为多个准则或者指标,再通过两两比较判断矩阵,对同一层次内的各个指标按照 9 分标度评分(表 3.2),最终通过矩阵计算,得到此层次内指标的各自权重。

表 3.2　9 分标度评分

标度	内容
1	表示两个因素相比,具有相同重要性
3	表示两个因素相比,前者比后者稍重要
5	表示两个因素相比,前者比后者明显重要
7	表示两个因素相比,前者比后者强烈重要
9	表示两个因素相比,前者比后者极端重要

注:2,4,6,8 表示上述标度的中间值。

层次分析法的具体步骤如下。

①构建层次结构模型。如图 3.1 所示,首先确立分析目标,继而将目标分解为准则或更细程度的指标,并提供备选方案。基于对判断矩阵的可操作性考虑,每个层次中的因素数量不宜超过 9 个。同时,需要构建各层次因素之间的关系,同一层次内的因素不产生关系。

②构建两两比较判断矩阵。通过每一个关联的上一层次元素,构建本层次各因素的两两比较判断矩阵(表 3.3)。

表 3.3　两两判断矩阵

A	B_1	B_2	...	B_n
B_1	B_{11}	B_{12}	...	B_{1n}
B_2	B_{21}	B_{22}	...	B_{2n}
...	...	...	...	...
B_n	B_{n1}	B_{n2}	...	B_{nn}

注:A 为 B 上一层次的某因素。

③判断矩阵评分。专家基于自身经验,填写判断矩阵数据。

④计算权向量并做一致性检验。针对每一个矩阵计算最大特征根及对应特征向量 λ_{max},利用一致性指标、随机一致性指标和一致性比率做一致性检验。若一致性比例 CR(consistency ratio)小于 0.1,则实验数据一致,归一化后的特征向量为权向量。

⑤输出结果数据。

3.1.4　眼动测试法

用户眼动测试(eye tracking-based user test)是运用眼动追踪技术进行可用性用户测试的一种方法。一般来说,眼动测试是基于用户典型性任务进行的测试。

在测试过程中,眼动仪会记录用户注视点的数据,供后期数据分析使用。同时,通过眼动数据也可以得到用户的任务起止时间、出错次数、完成率等传统可用性绩效指标。眼动测试的优势在于可以生成专业的眼动数据;缺点在于眼动测试的设备要求、用户成本、实验人员成本、时间成本、数据分析成本远远高于其他可用性评估方法。所以眼动测试一般作为总结性评估,用来生成较为权威的可用性报告。

眼动测试的输出数据一般有注视轨迹图、热点图、集簇分析图、蜂群图、兴趣区的各类眼动数据,如首次进入时间、注视点数、注视时长、鼠标首次点击时长、首次注视到鼠标点击的时长等。对于兴趣区的眼动数据,按照认知加工模型可以分为搜索指标、加工指标和其他指标三类。详细数据如表 3.4 所示。

表 3.4　兴趣区眼动指标及其含义

类别	眼动指标	指标含义
搜索指标	首次进入时间 (Time to first fixation)	从包含兴趣区的刺激材料首次展示到用户注视到兴趣区的时长
	首次进入前的注视点数 (Fixations before)	从包含兴趣区的刺激材料首次展示到用户注视到兴趣区的注视点数量
	看到的人数百分比 (Percentage fixated)	看到兴趣区的被试百分数
加工指标	注视点持续总时长 (Total fixation duration)	兴趣区内所有注视点的持续时间之和
	注视点总数 (Fixation count)	兴趣区内注视点总数
	访问次数 (Visit count)	兴趣区被访问的次数
	点击百分比 (Percentage clicked)	兴趣区内产生点击的被试数量百分数
	从首个注视点到点击用时 (Time from first fixation to next mouse click)	从被试首次注视到兴趣区到产生点击所花的时长
其他指标	点击次数 (Mouse click count)	兴趣区内被试点击的次数
	首次点击用时 (Time to first mouse click)	从包含兴趣区的刺激材料首次呈现到被试点击所花的时长

以上兴趣区眼动指标往往和其他眼动数据结合使用,如注视点轨迹图也常常被用来描述视觉搜索过程。除了以上定量数据,部分眼动仪产品还提供用户录像、界面录像、问卷调查等辅助功能。

3.2 可用性评估体系建立

可用性评估体系是指由特定的产品可用性各方面特性及其相互联系的多个指标所构成的具有内在结构的有机整体。这个体系并不是恒定不变的,它是随着产品、用户和目标而动态变化的,同一指标在不同产品可用性评估体系中的权重可能不同,甚至某一常规指标在某些产品的可用性指标中并不存在。

我们主要通过文献研究、用户研究、场景任务研究三个方面确立护理床的可用性评估体系。首先,通过文献研究收集较为常见的可用性因子,建立初步的可用性因子库。接着,在传统可用性分层模型的基础上提出 3F2M 模型,将上述因子库中的因子整合进 3F2M 模型中。

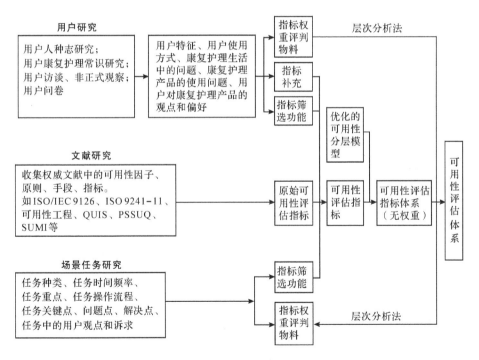

图 3.2 可用性评估体系研究框架

然后,进行用户研究和场景任务研究,分析用户需求、用户康复护理生活中的问题、用户对产品的看法、用户的使用方式和特征、用户的任务种类和任务难点、用户的任务问题点和权重，从而形成可用性因子的另一原始物料和因子权重的素材。最后，结合文献研究、用户研究、场景任务研究三者的结果，整理获得可用性评估体系，并使用层次分析法进行具体的权重计算，生成最终的可用性评估体系表。

3.2.1 可用性指标的获取

（1）文献研究

不同的学者对可用性指标有着不同的定义，已知的可用性指标包括可用性因素（factor）、可用性原则（criterion）、可用性方法（mean）和可用性指标（metric）。为了行文的方便，我们将其统称为可用性因子。为了得到较为全面的可用性指标物料，我们收集了学界常见的可用性因子，如表 3.5 所示。

表 3.5 常见的可用性因子

文献出处	可用性因子
ISO/IEC 9126-1[5]	有效性，生产率，安全性，满意度，可学习性，可理解性，吸引程度，可操作性
ISO 9241-11[6]	有效性，效率，满意度
Nielsen	效率，满意度，可学习性，出错，可记忆性
Shackel[7]	有效性，可学习性，灵活性，态度
Abran[8]	有效性，效率，满意度，可学习性，安全
Hartson[9]	效率，满意度，可学习性
Constantine[10]	效率，可学习性，可记忆性，使用可靠度，用户满意度
Quesenbery[11]	效力，效率，吸引力，错误容忍，易学
Constantine[12]	结构，简易，可见，反馈，耐心，重复使用
Nielsen	简单自然的对话，采用用户的语言，将用户的记忆负担减到最小，一致性，反馈，清晰的退出路径，快捷方式，良好的出错信息，避免出错，帮助和文档
Dix[13]	可学习性，一致性，熟悉性，普遍性，灵活性，自然对话，多线程，适应性，可替代性，可发现性，可观察性，任务表现
Lauessen[14]	任务效率，主观满意度，易学性，易记性，可理解性
Preece[15]	有效性，效率，安全性，实用性，可学习性，可记忆性
SUMI[16]	效率，有效性，帮助性，控制，可学习性
QUIS[17]	满意度，易用性，灵敏度，灵活性，文字可读性，信息引导性，信息组织清晰，信息有序性，术语一致性，术语可理解性，消息位置一致性，引导消息明确性，系统状态可见性，错误信息帮助性，可学习性，新功能可学习性，易记性，操作直接性，帮助信息有效性，说明信息清晰性，系统速度，系统可靠性，打扰性，纠错性，多类型用户适应性，色彩和声音质量，反馈，错误提示友好性，系统混乱度，界面混乱度，系统消息报告的质量

文献出处	可用性因子
PSSUQ[18]	易用性,使用简单,效率,有效性,信心,舒适性,易学习性,错误指示性,错误恢复,信息清晰,信息可发现性,信息可理解性,帮助引导,信息组织清晰,界面亲和力,界面喜好度,功能满足,整体满意度

(2)用户研究——以使用护理床人群为例

长期卧床的瘫痪患者是此护理床的定位人群,他们具有长期卧床、生理瘫痪、需要他人大量护理等特点。在瘫痪患者日常生活中,除了日常护理,康复同样重要,患者及其家属对于康复的渴望非常强烈,尤其是相对年轻的瘫痪患者。康复护理过程中,通过家庭康复护理可以大大降低并发症的发生概率及严重程度。家庭康复护理中,主要的工作有:体位放置、清洁工作、按摩关节、主被动训练、力量训练、日常生活训练等。

我们对 3 位患者及亲属进行了用户访谈,分别对患者病情、患者日常以及患者对康复护理产品的使用与态度等方面进行了解。这 3 名被访者分别为 1 名截瘫患者、2 名老年瘫痪患者亲属。访谈方式包括线上访谈和线下访谈两种,除了正式访问,我们还对多名截瘫患者进行了非正式的线上群聊访问,在访谈结束后,对访谈的内容进行整理,并进行结构化处理。

我们通过问卷调研的方式,对 40 名瘫痪患者及其家属进行了康复护理产品的使用偏好调查,意在分析用户对康复护理产品的可用性诉求。问卷从可学习性、认知、视觉搜索、效率、状态可见、错误、引导性、可靠性、满意度 9 个方面入手,调研用户在使用康复护理产品时遇到的问题以及对问题的在意程度。问卷分析及结果如表 3.6 所示。

表 3.6　问卷调研结果分析

学习性	题目:在刚开始使用这个医疗产品时,我难以学会使用它
	我的符合程度:6.14　　我的在意程度:6.88
	分析:较大部分用户使用这些医疗产品时,均没有遇到很难学会的情况,对于小部分用户来说,没有遇到过学习困难的问题,另外有一部分人觉得学习困难;但绝大部分用户都在意医疗产品是否容易学会
认知	题目:在使用这个医疗产品过程中,我经常不理解按钮和界面中一些提示的意思
	我的符合程度:5.75　　我的在意程度:6.50
	分析:在使用过程中,大部分用户没有经常遇到不能理解的界面元素,但用户普遍很在意界面的易理解性

续表

	题目:产品上的很多专业词汇我不能理解		
认知	我的符合程度:6.75	我的在意程度:8.13	
	分析:一半用户觉得专业词汇不懂非常符合他们的情况,一半用户觉得专业词汇不懂一般符合他们的情况。总体来说,专业词汇不懂比较符合用户的情况,这说明绝大部分用户在意专业词汇不懂的问题,其中有一半用户非常在意		
视觉搜索	题目:产品的界面(包括按钮)比较复杂		
	我的符合程度:6.50	我的在意程度:7.00	
	分析:大部分用户觉得界面相对来说较为复杂,小部分用户觉得界面很复杂,总体来说,用户偏向于觉得界面比较复杂;大部分用户对于界面复杂程度在意,小部分用户觉得非常在意,不在意的用户很少		
效率	题目:原本很简单的任务,我会操作很久		
	我的符合程度:6.00	我的在意程度:7.75	
	分析:对于"我的符合程度"而言,一半左右用户符合,其余不符合,分布相对平均。对于"我的在意程度"而言,用户绝大部分会在意,一半用户会很在意,总体集中在较为在意区间		
状态可见	题目:常常搞不清自己的操作是否已经生效		
	我的符合程度:6.63	我的在意程度:7.50	
	分析:对于"我的符合程度"而言,大部分用户比较符合,其中一半用户很符合,集中程度一般;对于"我的在意程度"而言,绝大部分用户很在意,其中区间主要落在8分上(比较在意)		
错误	题目:曾经出现过严重的错误,导致了严重的后果		
	我的符合程度:5.14	我的在意程度:8.75	
	分析:对于"我的符合程度"而言,大部分用户不符合,一部分用户很符合,集中性较差;对于"我的在意程度"而言,所有用户在意,绝大部分用户非常在意		
	题目:操作过程中经常会出错		
	我的符合程度:6.75	我的在意程度:7.63	
	分析:大部分用户比较符合"经常出错",一半用户很符合"经常出错",集中性一般;对于"我的在意程度"而言,所有用户在意,大部分用户很在意		
引导性	题目:出现的错误提示,我常常不知道怎么解决		
	我的符合程度:6.00	我的在意程度:7.25	
	分析:大部分用户符合情况,一半用户很符合该种情况,主要区间集中在7分左右;对于"我的在意程度"而言,大部分用户很在意,极少部分用户不是很在意		
	题目:使用过程中,我经常不知道下一步该如何操作		
	我的符合程度:4.88	我的在意程度:6.63	
	分析:大部分用户比较少遇到不知道下一步如何操作的情况,但他们都相对比较在意		

可靠性	题目:有时明明我操作正确,但它却没有正常执行
	我的符合程度:7.29　　我的在意程度:8.5
	分析:对于"我的符合程度"而言,大部分用户符合,一半以上用户很符合;对于"我的在意程度"而言,绝大部分用户很在意,部分用户非常在意,没有用户不在意
满意度	题目:我常常担心自己会操作错误
	我的符合程度:8.13　　我的在意程度:7.88
	分析:对于"我的符合程度"而言,绝大部分用户符合,大部分用户很符合,整体趋向于很符合的8~9,没有人不符合;对于"我的在意程度"而言,大部分用户选择在意,一半以上用户非常在意
	题目:界面(包含按钮)给人的感觉很冰冷,没有人情味,不友善
	我的符合程度:7.38　　我的在意程度:7.00
	分析:对于"我的符合程度"而言,大部分用户符合,一半用户非常符合,极少用户不符合;对于"我的在意程度"而言,一半用户选择一般在意,一半用户选择很在意,总体趋近于比较在意
	题目:操作过程中,我经常觉得有挫败感
	我的符合程度:8.38　　我的在意程度:8.00
	分析:对于"我的符合程度"而言,所有用户均符合,一半以上用户非常符合;对于我的在意程度而言,一半以上用户很在意,绝大部分用户在意,极少用户较不在意
	题目:我觉得界面(包含按钮)不美观
	我的符合程度:5.38　　我的在意程度:5.00
	分析:对于"我的符合程度"而言,一半以上用户选择介于符合和不符合之间的一般,整体比较平均,集中性一般;对于我的在意程度而言,绝大部分用户选择一般在意以及以下,说明在意程度不高

注:"我的符合程度"和"我的在意程度"数值均为样本均值,满分为 10 分。

(3)场景任务研究

以用户调研为基础,以人物角色模型为载体,对场景剧本和用户任务进行描述分析,意在通过场景剧本及用户任务研究得到用户在护理床使用上的难点、问题点和偏好。对患者使用"多功能护理床"的场景剧本描述如表 3.7 所示。

表 3.7　用户场景剧本描述

场景名称	场景描述	关键点
晨便	清晨 6 点,高伟强便醒了,刘文芳此时也醒了。刘睡在旁边的一张小床上,穿好衣服起了床。由于天气转冷了,刘在帮高晨便前打开了空调。刘通过护理床的起背功能,让高坐了起来,这样更加有利于排便。因为担心坐起过程中高会侧滑,所以刘把操作平板拿在手里,在高的旁边操作。等高完全坐起后,刘锁定平板,把它放在床边的桌子上。刘掀开高的被子,首先用手在高的腹部做一些按摩,然后采用压尿法进行排尿。尿液排出后,护理床识别到尿液,于是自动进行了小便处理,在处理过程中发出语音提示,界面上也显示出了正在进行的程序处理状态。在处理小便后,刘又进行了大便按摩刺激,在高的努力下,大便也顺利地排出了。机器检测到大便,便进行了语音提示和大便处理的一系列操作。在处理好大便后,刘拿起了平板,解锁屏幕,并使用护理床的躺平功能,让高重新躺下。帮高盖好被子后,刘把晨便产生的污水倒了,晨便的工作也就算是完成了。由于高有尿失禁和大便失禁,所以尿失禁和大便失禁的次数需要被知道,这样可以知道高的康复状况以及私处的卫生状况	处理过程中的语音提示和界面提示,显示系统当前的状态很重要;锁定功能很必要,可以防止误触;需要有自动处理大小便的开关,以满足用户不同的需求,提高系统的灵活性;操作平板的移动性要求很高;大小便次数及时间的记录功能;污水或其他水的状态需要被用户知道,并给予提供处理的功能
早餐	在做完早餐、儿子上学后,刘给高喂食早餐。今天高的早餐是米粥加青菜,比较利于消化。刘把早餐盛好,放在护理床边的桌子后,拿起操作平板帮助高坐起。在坐起的过程中,高突然有点侧滑,于是刘立即急停,在摆正高的位置后,又继续进行起背。在用枕头把高的位置固定好后,刘端起温热的粥给高喂食,高今天的食欲还不错,吃完了一整碗的粥。刘给高擦了擦嘴,让高静坐,聊了会儿天,接着将护理床恢复躺平状态,高又躺下了。刘给高开了电视,让他听一听电视声音,自己去厨房收拾碗筷。在收拾完碗筷后,刘打开了电脑,开了淘宝、旺旺,开始了一天的网店工作	急停功能很重要,可以防止出错;一键恢复床体的功能可以提高多种情境下恢复床体的效率,降低操作的复杂度

我们对上文中与可用性相关的点进行归纳,制成表 3.8,作为可用性指标的另一重要物料素材。

表 3.8　可用性因子整理

原始素材	可用性因子
康复效果好最重要	有效性
产品未有效执行指令现象普遍	有效执行
容易学习,不然买回来就浪费了	易学习
傻瓜化的操作	操作简单
产品上的专业词汇不容易理解	术语易理解
左翻身和右翻身容易混淆	术语易混淆
降低护理工作量	效率
一键操作很方便实用	快捷键
当发生错误时,要能准确描述错误	错误提示
任务操作错误都会导致严重后果,所以要有很好的防错机制	防错性
当有错误发生时,如机械卡顿,需要及时发出警报	错误报警
当发生错误时,可以及时停止	错误急停
当发生错误时,能给用户提供很好的纠错提示	纠错
当产品发生错误时,要有自己处理的能力,如异物卡住机器,则自动停止运行	容错性
产品能够稳定地执行用户的指令,不能出错	稳定性
用户担心自己会操作错误的普遍性很高	担忧出错
用户觉得界面没有人情味的普遍性很高	界面人情味
用户觉得在使用过程中有挫败感的普遍性很高	挫败感
系统给予的提示需要有帮助性,能够解决用户问题	提示帮助性
当污水桶满、蓝牙失去连接等异常发生时,需要及时告知用户	系统异常提示性
护理者在操作过程中往往注视患者,所以系统的状态需要通过多种信息渠道传递,比如声音	系统状态多渠道提示
患者私处是否干燥、是否干净需要让护理者知道	患者状态可见
操作过程中可能随时发生情况转变,所以良好的操作性是很重要的	高度控制
操作记录和时间提醒等功能可以降低用户的记忆成本	可记忆性
对于部分护理任务,护理者可能不会操作,此时可以提供帮助功能	任务帮助提示

续表

原始素材	可用性因子
不同患者病情不同,相应的需求也不同,产品需要满足不同用户的需求	用户适应性
用户操作后,需要给予用户反馈,告知用户指令已经收到,避免重复操作	反馈
当用户不知道如何操作时,需要给予一定的引导,从而提高决策效率	引导性
如果产品响应慢,则用户可能会重复操作,造成严重后果	系统响应快
由于产品的多模块特点,需要各个模块之间保持高度一致性,提高产品可学习性	一致性
不同患者需求不同,产品需要有良好的可拓展性和适应性	灵活性

  可用性分层模型(Hierarchical Usability Model)是将可用性因子进行分层整合的模型。McCall,Richards 和 Walters[19]提供了一种可用性三层模型:第一层为可用性因素(factor),第二层为因素的细化,称之为准则(criterion),第三层是可以测量的指标(metric)。Welie,Veer 和 Eliens[20]对可用性分层模型进行了优化,提出了可用性概念(usability)、使用指标(usage indicators)、手段(means)、知识(knowledge)的四层模型。其中可用性概念包含效率、有效性、满意度 3 个因子;使用指标是指产品使用过程中的指标,主要包含可学习性、错误/安全性、满意度、操作速度、可记忆性等,它们是可用性概念的 3 个因子在操作层面的反映;手段则是指在产品设计层面对上一层的使用指标所进行的具体设计手法;知识是指和具体的用户、设计、任务相关的知识点。

  我们试图对文献研究中的可用性因子、用户研究和场景任务研究中的可用性因子进行 KJ 分类,从而整合到上文所提到的可用性分层模型中,如图 3.3 所示,但发现任何一个可用性分层模型均无法兼容所有的可用性因子。于是,我们在现有可用性分层模型的基础上,提出了基于 ISO 9241-11 可用性定义的五层模型,包括一级因素(factor-1)、二级因素(factor-2)、三级因素(factor-3)、手段(means)和指标(metric),简称为 3F2M 可用性分层模型。一级因素为普遍认同的可用性定义,包含有效性(effectiveness)、效率(efficiency)、满意度(satisfaction);二级因素为根据一级因素定义而分解的因素,如有效性可分解为准确性与完备性;三级因素是二级因素的分解,它的确立一方面需考虑二级因素的限制,另一方面也需权衡此模型能否最大限度兼容上文中所收集的 2 个可用性因子库;手段是指在具体产品中所使用的设计手法;指标是指具体可以测量的可用性方面。

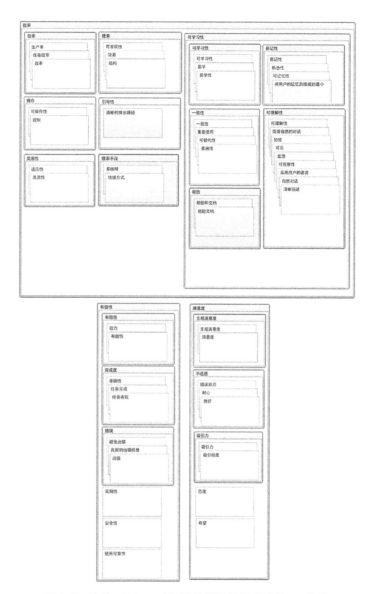

图 3.3　使用 UX-Sort 对可用性因子进行尝试性 KJ 分类

我们发现,上文可用性文献中的可用性因子和用户调研中的可用性因子可以完好地放置于 3F2M 模型中。对 2 个可用性因子库中的所有元素进行了删重、近义归纳处理,然后整合到 3F2M 模型中,同时结合眼动指标和可用性评估方法,生成表 3.9。将表 3.9 中的"手段"去除,便是护理床初步可用性评估表。

表 3.9　3F2M 可用性分层模型(初步可用性评估体系)

一级因素	二级因素	三级因素	手段	指标
效率	用户成本	可发现性	简易、信息组织清晰、信息组织有序性、消息位置一致性	任务目标元素的首次进入时长、首次进入前的注视点数、看到的人的百分比、信息清晰主观量表
		可理解性	系统状态可达、有反馈、可观察、用户语言、自然对话、清晰描述、有反馈、术语可理解、不易混淆	访问次数、点击百分比、从首个注视点到点击用时、可理解性主观量表、状态可见性主观量表、可决策性主观量表
		可决策性	引导、反馈、帮助有效	
		可操作性	反馈、控制、灵敏、灵活、系统速度、操作简单	点击次数、控制感及响应速度主观量表
	时间成本	任务时间	快捷键	任务时间、效率主观量表
	学习成本	可学习性	熟悉、一致、多类型用户适应、解释和帮助	可学习性主观量表
		可记忆性	一致、操作记录、提醒	可记忆性主观量表
有效性	完备性	任务完成度		任务完成个数比率
	准确性	任务质量		任务完成质量主观量表
		错误	错误和异常提示、防错、错误急停、出错信息帮助、纠错、错误恢复、容错性	出错次数、错误挽回率、出错性主观量表
		稳定性		稳定性主观量表
		安全性		安全性主观量表
满意度	态度	整体满意度		整体满意度主观量表
		友好性	界面提示亲和力、错误提示友善性	友好性主观量表
		信心		信心主观量表
		美感		美学及吸引力主观量表
	不适感	挫折		挫折感主观量表
		打扰性		打扰性主观量表
		担忧		担忧主观量表
		耐心		耐心主观量表

3.2.2　可用性指标权重确定

(1)建立 AHP 层次结构模型及对比矩阵

根据 3F2M 模型(表 3.9),建立 AHP 结构模型。在传统的 AHP 结构模型中,由于目标在于决策方案,所以层次结构至少包含目标层、准则层、方案层。但在本实验中,只需要使用其中的权重确定功能,无须决策,所以我们只使用了目标层和准则层两种类型层次,其中又对准则层进行了多级细分。最终本实验的 AHP 结构模型共分为四层,其中"护理床可用性"为目标,也就是结构模型中的最上一层,有效性、效率、满意度为第二层,隶属于目标层,第三层为隶属于第二层的完备性、准确性、用户成本、时间成本、学习成本、态度、不适感,第四层隶属于第三层。详细结构模型如图 3.4 所示。

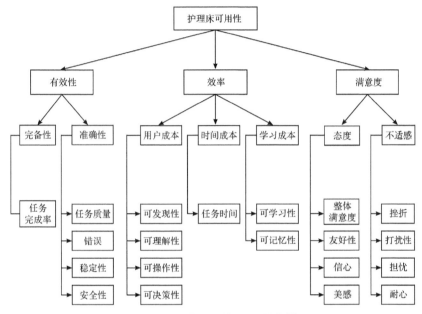

图 3.4　护理床可用性 AHP 结构模型

　　基于每一个关联的上一层次元素,构建本层次的各因素的两两比较判断矩阵(表 3.10),按此规律依次建立完备性、准确性对于有效性的矩阵,任务质量、错误、稳定性、安全性对于准确性的矩阵等。由于篇幅限制,各矩阵不一一列出,部分详细矩阵数据参考表 3.10~3.18。

　　(2)实验及结论

　　采用 9 分标度打分法,对各个矩阵进行两两对比打分。其中分值代表前者相对后者的重要性,1 分表示两个因素相比,具有相同重要性;3 分表示两个因素相比,前者比后者稍重要;5 分表示两个因素相比,前者比后者明显重要;7 分表示两个因素相比,前者比后者强烈重要;9 分表示两个因素相比,前者比后者极端重要;2,4,6,8 分表示上述标度的中间值。若两个对比对象位置关系颠倒,则用分数的倒数表示。

在获得各个对比矩阵后,再利用一致性指标、随机一致性指标和一致性比率,对每一个矩阵计算最大特征根及对应特征向量 λ_{max} 做一致性检验。若一致性比例 CR 小于 0.1,则实验数据一致,最终输出的对比矩阵及权向量见表 3.10~3.18。

表 3.10 第二层对护理床可用性两两判断矩阵

护理床可用性	效率	有效性	满意度	权重
效率	1.0000	0.8187	1.2214	0.3289
有效性	1.2214	1.0000	1.4918	0.4018
满意度	0.8187	0.6703	1.0000	0.2693

注:一致性比例为 0.0000;对总目标的权重为 1.0000。

表 3.11 第三层对效率两两判断矩阵

效率	用户成本	时间成本	学习成本	权重
用户成本	1.0000	2.2255	1.2214	0.4452
时间成本	0.4493	1.0000	0.6703	0.2138
学习成本	0.8187	1.4918	1.0000	0.3410

注:一致性比例为 0.0043;对总目标的权重为 0.3289。

表 3.12 第三层对有效性两两判断矩阵

有效性	完备性	准确性	权重
完备性	1.0000	0.5488	0.3543
准确性	1.8221	1.0000	0.6457

注:一致性比例为 0.0000;对总目标的权重为 0.4018。

表 3.13 第三层对满意度两两判断矩阵

满意度	态度	不适感	权重
态度	1.0000	0.4493	0.3100
不适感	2.2255	1.0000	0.6900

注:一致性比例为 0.0000;对总目标的权重为 0.2693。

表 3.14 第四层对用户成本两两判断矩阵

用户成本	可操作性	可理解性	可发现性	可决策性	权重
可操作性	1.0000	1.4918	1.8221	2.2255	0.3700
可理解性	0.6703	1.0000	2.2255	1.4918	0.2881
可发现性	0.5488	0.4493	1.0000	0.8187	0.1581
可决策性	0.4493	0.6703	1.2214	1.0000	0.1837

注:一致性比例为 0.0132;对总目标的权重为 0.1464。

表 3.15　第四层对学习成本两两判断矩阵

学习成本	可学习性	可记忆性	权重
可学习性	1.0000	2.2255	0.6900
可记忆性	0.4493	1.0000	0.3100

注：一致性比例为 0.0000；对总目标的权重为 0.1122。

表 3.16　第四层对准确性两两判断矩阵

准确性	错误	稳定性	安全性	任务质量	权重
错误	1.0000	1.0000	0.6703	2.2255	0.2616
稳定性	1.0000	1.0000	1.0000	2.2255	0.2891
安全性	1.4918	1.0000	1.0000	2.2255	0.3195
任务质量	0.4493	0.4493	0.4493	1.0000	0.1299

注：一致性比例为 0.0075；对总目标的权重为 0.2594。

表 3.17　第四层对态度两两判断矩阵

态度	信心	美感	友好性	整体满意度	权重
信心	1.0000	2.7183	1.4918	0.8187	0.2993
美感	0.3679	1.0000	0.3012	0.2466	0.0901
友好性	0.6703	3.3201	1.0000	0.6703	0.2450
整体满意度	1.2214	4.0552	1.4918	1.0000	0.3655

注：一致性比例为 0.0113；对总目标的权重为 0.0835。

表 3.18　第四层对不适感两两判断矩阵

不适感	担忧	打扰性	挫折	耐心	权重
担忧	1.0000	2.2255	0.4493	1.8221	0.2503
打扰性	0.4493	1.0000	0.3012	0.6703	0.1183
挫折	2.2255	3.3201	1.0000	3.3201	0.4796
耐心	0.5488	1.4918	0.3012	1.0000	0.1518

注：一致性比例为 0.0094；对总目标的权重为 0.1858。

3.2.3　可用性评估体系建立——以护理床界面为例

以 3F2M 模型（表 3.9）为基础，同时整合 AHP 层次分析的权重结果（表 3.10～3.18），最终绘制成护理床可用性评估体系表（表 3.19）。它由 4 个维度组成：一级因素、二级因素、三级因素、指标。每一级因素均含有对应的权重。

表 3.19 护理床可用性评估体系

一级因素(权重)	二级因素(权重)	三级因素(权重)	指标
效率 (0.3289)	用户成本 (0.1464)	可发现性(0.0231)	M0 用户错误路径次数
			M1 任务目标元素的首次进入时长
			M2 首次进入前的注视点数
			M3 看到的人的百分比
			M4 信息清晰主观量表
		可理解性(0.0422)	M5 访问次数
		可决策性(0.0269)	M6 点击百分比
			M7 从首个注视点到点击用时
			M8 可理解性主观量表
			M9 状态可见性主观量表
			M10 可决策性主观量表
		可操作性(0.0542)	M11 点击次数
			M12 控制感及响应速度主观量表
	时间成本 (0.0703)	任务时间(0.0703)	M13 任务时间
			M14 效率主观量表
	学习成本 (0.1121)	可学习性(0.0774)	M15 可学习性主观量表
		可记忆性(0.0348)	M16 可记忆性主观量表
有效性 (0.4018)	完备性(0.1424)	任务完成度(0.1424)	M17 任务完成个数比率
	准确性 (0.2594)	任务质量(0.0337)	M18 任务完成质量主观量表
		错误(0.0679)	M19 出错次数
			M20 错误挽回率
			M21 出错性主观量表
		稳定性(0.0750)	M22 稳定性主观量表
		安全性(0.0829)	M23 安全性主观量表
满意度 (0.2693)	态度 (0.0835)	整体满意度(0.0305)	M24 整体满意度主观量表
		友好性(0.0205)	M25 友好性主观量表
		信心(0.0250)	M26 信心主观量表
		美感(0.0075)	M27 美学及吸引力主观量表
	不适感 (0.1858)	挫折(0.0891)	M28 挫折感主观量表
		打扰性(0.0220)	M29 打扰性主观量表
		担忧(0.0465)	M30 担忧主观量表
		耐心(0.0282)	M31 耐心主观量表

一级因素中,有效性最重要,效率次之;二级因素中比较重要的是准确性、不适感、完备性、用户成本、学习成本;三级因素中比较重要的是任务完成度、安全性、错误、稳定性、任务时间、可学习性、挫折、担忧、可理解性、可操作性。在护理床的可用性项目实践中,我们需要着重考虑上述提及的各可用性因子。需要强调的是,整体的分值并不能完全代表可用性水平,可用性遵从"水桶定律",只有在每一项可用性因子均达到阈值的情况下,整体的分值才能衡量可用性的好坏。

3.3 护理床界面形成性评估

护理床界面共包含床体、大小便、下肢康复、上肢康复、系统设置、锁屏六大功能模块。前三个模块中,每一个模块包含操作、状态显示、数据显示三个功能区域,详细功能参见图 3.5。

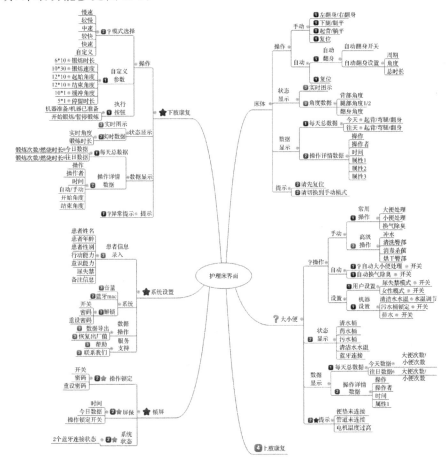

图 3.5 护理床界面功能

在确定界面功能后,以功能为基础绘制用户使用流程(图 3.6),以确定界面交互结构和元素布局。流程图的绘制过程中也会产生一些基于情境的创意,这些创意包含功能以及交互方式,可以很好地反向补充产品蓝图。

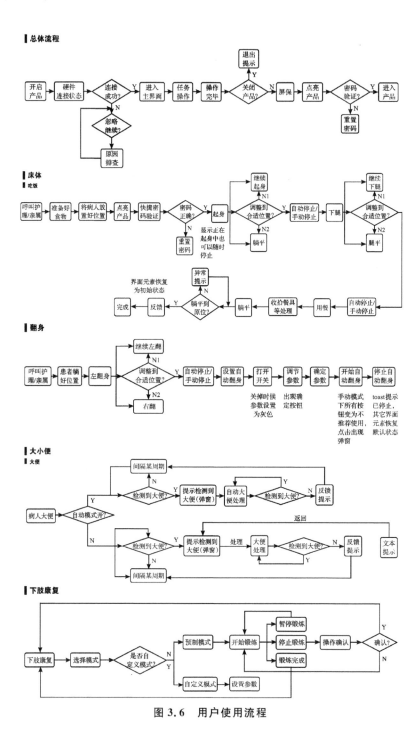

图 3.6　用户使用流程

在完成流程图后进行页面设计。完成一版设计稿后,制作可交互界面原型,进行可用性评估。

3.3.1　形成性评估概述

形成性评估(Formative Evaluation)的主要目的是改进界面设计,其核心思想是快捷高效的评估与反复设计相结合,是可用性工程中较为公认的敏捷可用性评估模式。它贯穿于产品开发的流程当中,有着成本低、速度快、效果好的特点。我们采用三轮启发式评估,经四次大版本反复设计,组成了这个项目的可用性形成性评估。

3.3.2　启发式评估

(1)第一轮启发式评估

第一轮启发式评估主要针对界面初步设计方案进行可用性探讨,从整个产品的架构、结构层面探讨产品的可用性。所得到的实验结果是方向性的,忽略交互细节的。

在本轮启发式评估中,本着快速有效的原则,只对初步设计原型的可用性进行可用性启发式评估。评估对象为我们制作的第一版界面 Axure 可交互原型(图 3.7),原型涵盖产品的 5 个核心一级界面,原型完成度相对较好,可以满足评估需求。评估过程中,参考 Nielsen 的启发式评估 10 项准则(表 3.20),对界面的可用性方向以及可用性问题进行记录。讨论的内容主要包括现有设计原型中存在的可用性问题,以及界面在架构、结构层面的合理性。

表 3.20　Nielsen 启发式评估 10 项准则

序号	原则内容
1	简洁而自然的对话。用户界面应当尽可能简洁并且以一种自然的方式搭配用户任务
2	少即是多。为了保持界面信息精炼简洁,在界面上应该只提供真正必要的信息。过多不必要的信息不但会使新手用户感到困惑,也会减慢熟练用户的操作速度
3	一致性。一致性是最基本的可用性法则之一。一致性包括两个方面:内部一致性和外部一致性。内部一致性是指系统的各部分之间要保持一致,外部一致性是指系统应该和其他系统、传统习惯及标准保持一致
4	使用用户的语言。作为以用户为中心设计的一部分,用户界面中的词汇应当使用用户的语言而不是面向系统的术语
5	图形设计和颜色。对于具有图形用户界面的现代计算机系统来说,好的图形设计是形成简单自然对话过程的一个重要基础
6	将用户的记忆负担减到最小,尽量让用户识别界面信息而不是回忆。用户应该不需要在系统中记忆一些信息,才能使用系统的另一功能

续表

序号	原则内容
7	提供显著的系统状态。系统应该随时让用户知道什么正在发生,这应该是在合理的时间内,通过提供正确的反馈来达到的
8	清楚地标识退出。用户有时会错误地使用系统的功能,他们需要一个清晰的紧急出口,离开当前不必要的状态,实现撤销和恢复的功能
9	快捷方式。为用户提供捷径,这些捷径经常可以大大提高熟练用户的使用效率,让用户能方便地启用频率较高的功能
10	好的出错信息。出错信息应当用清晰、精确、友好的语言表达,并对用户解决问题提供建设性帮助

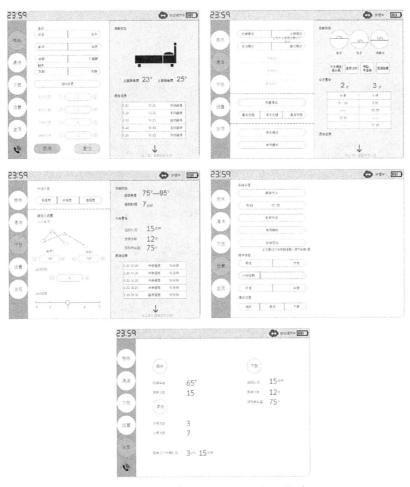

图 3.7 第一版界面 Axure 可交互原型

（2）第二轮启发式评估

第二轮启发式评估的主要目的是确定可用性方向的正确性，发现新方案的可用性问题，从产品的信息结构以及交互层面探讨设计方案的可用性。

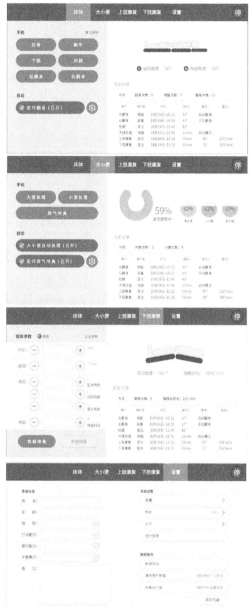

图 3.8　第二版界面 Axure 可交互原型

在本轮经验评估中,评估对象为我们制作的第二版界面 Axure 可交互原型(图 3.8)。与第一轮评估不同的是,本轮的原型为视觉原型,而非交互原型。相对于第一版界面方案,这一版方案主要针对第一轮评估中得出的可用性方向及可用性问题进行调整,如信息层级及分类不合理导致的可理解性和可学习性问题、信息密度过大导致的可读性问题、文案专业术语过多导致的学习性问题。原型共涵盖产品的 5 个核心一级界面以及部分重要的二级页面和弹窗。原型完整度相对较高,包含了大部分的交互细节和视觉细节,可以完全满足此轮评估需求。评估过程中,同样参考 Nielsen 的启发式评估 10 项准则。

(3)第三轮启发式评估

第三轮启发式评估的主要目的是对新方案的信息结构和交互做最终的确认,以及对交互细节、文案细节等进行可用性评估。

评估的对象为我们制作的第三版界面 Axure 可交互原型(图 3.9)。这一版的界面设计主要解决了第二轮评估所得出的可用性问题,如交互形式一致性问题、信息量大导致可读性差问题。

3.3.3 形成性评估总结

形成性评估伴随着整个产品开发的流程,主要采用专家启发式评估的方法,先后对 4 个版本的界面方案进行可用性评估。在每次评估后,针对评估结论对界面进行优化迭代。当可用性问题逐渐细化且数量逐渐减少时,便可以进行最终的总结性评估。

在第一轮可用性评估中,主要针对方案进行方向性的探讨,对象为产品架构以及结构。在评估后得到三个方面的意见:信息层级及分类上存在较大问题,导致可理解性和可学习性差;界面信息密度过大,建议采用纵向结构,隐藏过多的非重要信息;文案使用了过多的专业术语,导致可学习性差。

在第二轮可用性评估中,一方面评估方案修改的成效,另一方面针对界面的交互层面进行可用性评估。在评估后主要得到两个方面的意见:各个模块的界面交互缺乏一致性;界面的信息密度较大,需要优化。

在第三轮可用性评估中,一方面评估方案修改的成效,另一方面针对界面的交互细节、文案细节、布局细节进行评估。在评估后得到两个方面的意见:缺乏各类交互提示;各功能之间的逻辑互斥需要视觉可见。

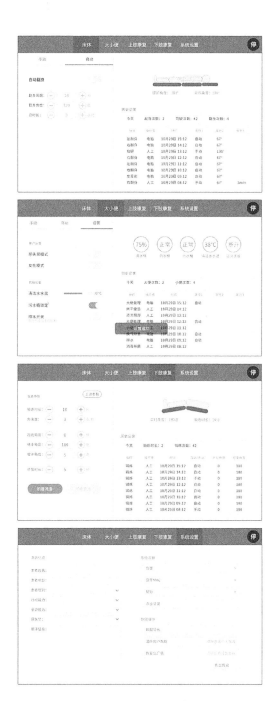

图 3.9　第三版界面 Axure 可交互原型

3.4 护理床界面总结性评估

3.4.1 护理床界面的实验简介

本实验是进行护理床界面总结性评估,意在获得系统的护理床界面可用性评价,为此次护理床界面开发画上句号,为后期的界面开发提供可用性建议。本实验基于典型性任务的测试方法,让测试用户执行预设的典型性任务。在用户的任务执行过程中,使用 Tobii 眼动仪记录用户的眼动数据。在用户任务完成后,对测试用户进行回溯性访谈,对测试过程中存疑的地方进行询问,了解用户任务过程中的感受和态度。在此之后,让测试用户填写满意度调查问卷。

实验结束后对实验进行数据分析,得出实验结果。实验结果包含两个部分:第一,基于护理床可用性评估体系,将实验过程中的数据整合到评价体系中,得到护理床界面的总体可用性得分表,以及各可用性因素得分,从而对护理床界面的可用性做出系统性评价;第二,整合实验记录以及数据分析结果,得出护理床界面的可用性问题。

3.4.2 护理床界面的实验任务和步骤

(1)实验任务

实验过程中,用户通过执行典型性任务的形式进行实验。结合前文用户研究内容,我们将典型性任务定义为表 3.21 中的 15 项。在实验开始前,主持人需要对测试用户阐述其需要模拟的用户情境,这样可以让测试过程更有真实性,同时也可以让测试用户更容易进入测试状态。在实验过程中,测试用户自行判断一项任务是否完成。完成一项任务后,方可进行下一项任务。

用户需要模拟的情境如下。高叔叔是你的邻居,他在家休养的过程中请你照顾他一周时间。高叔叔因车祸造成高位截瘫,胸椎骨错位,现在全身只有手臂还可以运动,躯干和肢体均没有知觉且不能动弹。另外,高叔叔大小便不能自理,甚至无法独立坐着,更不用谈自己翻身了。高叔叔现在躺在一款多功能护理床上,请根据列表中的任务要求进行操作,照顾高叔叔。

表 3.21　用户典型性任务

序号	任务描述
1	运用护理床的功能,帮助高叔叔坐起来;当完全坐起后,再帮高叔叔躺下
2	运用护理床的功能,帮助高叔叔右翻身
3	护理床可以定时自动翻身。请你帮高叔叔设置定时自动翻身,每隔 2 小时翻身一次,每次翻身 20°,总时长 10 小时
4	请帮高叔叔进行腿部康复锻炼,采用"较慢"模式。在锻炼过程中高叔叔突然有点不舒服,于是你立刻停止了锻炼
5	查看高叔叔今天的腿部锻炼次数,读出具体次数,再读出现在的实时角度
6	高叔叔大便了,请使用护理床的功能帮高叔叔处理大便。在任务过程中,高叔叔突然惨叫了一声,于是你立刻急停了护理床
7	高叔叔是尿失禁,护理床有专门针对尿失禁的模式,请打开尿失禁模式
8	大小便护理器中存有冲洗大小便的清水,请检查当前的清水水温,并读出来
9	你想要把装满大小便的污水桶倒掉,污水桶在平时是锁定的,需要解锁才能取出,现在请你解锁污水桶
10	高叔叔最近肠胃有点不好,请检查高叔叔今天的大小便次数,并读出来
11	高叔叔的裆部(大小便护理器内)经常会有异味,请使用护理床的功能帮助他"自动"除臭
12	护理床有自动检测并处理大小便的功能,请打开此功能,从而减轻你的护理工作量
13	你想要给高叔叔洗脚,请把护理床调节到合适的姿态
14	护理床有语音提示的功能,这个功能默认是开启的,请你关闭这个功能
15	所有操作完成后,为了防止误操作,请使用界面上的锁定功能把屏幕锁定

（2）实验步骤

①实验准备,包括搭建实验环境、准备实验器材、招募测试用户等;

②正式实验前需预实验,进而修正实验流程、实验任务、回溯性访谈内容、问卷内容;

③进行正式实验,由于实验过程长,每天分 3 个时段安排 3 个测试用户进行实验;

④向测试用户讲解实验流程安排、护理床产品、界面主要功能、所模拟的情境;

⑤让用户在实验环境中就位,讲解实验注意事项、仪器使用注意事项;

⑥让用户开始进行任务,主持人负责测试用户任务的顺利进行,记录员负责可用性疑点记录以及过程摄制;

⑦测试用户完成所有任务后,记录员对其进行回溯性访谈,对其操作过程中的可用性疑点以及态度进行询问,并记录下来;

⑧主持人引导测试用户填写满意度问卷,填写完毕后,记录员对问卷进行

快速浏览,如有疑问,可以随即询问测试用户;

⑨向测试用户致谢,并留下联系方式,以防后期有问题需要再次询问测试用户;

⑩依此规律进行多名测试用户的实验,最终整理实验数据,归置实验器材和实验场所。

(3)用户回溯访谈脚本和满意度问卷

在进行回溯访谈之前,需要告知测试用户产品设计必然会有其问题所在,实验的目的是发现产品的设计问题,而不是对用户能力的评估,所以需要说出真实感受。

在回溯访谈结束之后,主持人引导测试用户完成满意度问卷(见附录3.1)的填写。用户满意度问卷根据护理床可用性评估体系制定,共24题,其中23题为满意度选择题,采用李克特10分量表,内容覆盖可用性的满意度方面,以及效率和有效性方面。

3.4.3 护理床界面的实验数据分析

数据分析主要针对眼动数据、满意度问卷、回溯性用户访谈这3项内容进行。眼动数据为客观数据,眼动数据的收集与处理主要通过 Tobii Studio 和 Excel 进行。满意度问卷数据和回溯性用户访谈数据为主观数据。最终将主观数据和客观数据整合进护理床界面可用性评估体系中,得到护理床界面可用性评价表。另外,根据护理床界面可用性评价表以及回溯性用户访谈数据,得到护理床界面的可用性问题。

(1)部分眼动指标归一化定义

在实验数据中,部分指标无法进行简单归一化处理,需要给予定义。这些指标具体包含每个任务错误路径次数、任务目标元素首次进入时长、首次进入前的注视点数、访问次数、从首个注视点到点击用时、点击次数、单个任务时间、每个任务出错次数、错误挽回率。下面根据可用性工程中"可用性目标序列"的标记方法,结合项目可用性目标对这些指标进行归一化定义。

(2)眼动数据与满意度数据统计

使用 Tobii Studio 对眼动数据进行分析(图3.10),将样本数据按照样本和任务两个维度进行记录。在此之后,对用户满意度量表进行统计。最后将这两部分的数据录入表3.22,并依据定义进行数据的归一化处理和赋权。

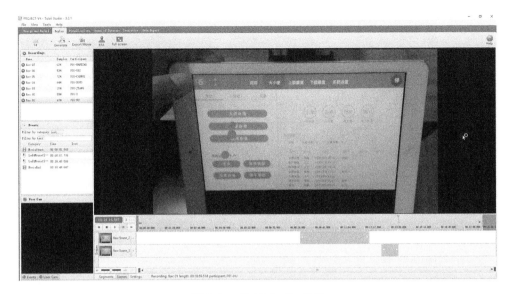

图 3.10　Tobii Studio 分析

如表 3.22 所示,指标层面的客观指标中,目标元素的首次进入时长、首次进入前的注视点数、访问次数、从首个注视点到点击用时、点击次数、错误挽回率这 6 个指标得分较差,均低于 0.6 分。其中,首次进入前的注视点数、从首个注视点到点击用时、错误挽回率这 3 个指标得分很差。而看到的人的百分比、点击百分比、任务完成个数比率这 3 个指标得分较高,均高于 0.8 分。指标层面的主观指标中,状态可见性主观量表、控制感及响应速度主观量表、效率主观量表、出错性主观量表、稳定性主观量表、安全性主观量表这 6 个指标得分较差,均低于 0.8 分。其中,控制感及响应速度主观量表、出错性主观量表指标得分很差,而信息清晰主观量表、可理解性主观量表、可学习性主观量表、可记忆性主观量表、整体满意度主观量表、友好性主观量表这 6 个指标得分较好,均高于0.85 分。

表 3.22　可用性实验眼动及满意度数据

三级因素	指标	指标得分	指标归一得分
	M0 错误路径数	0.219	0.78
	M1 目标元素的首次进入时长	2.838	0.53
F1 可发现性	M2 首次进入前的注视点数	6.177	0.49
	M3 看到的人的百分比	0.977	0.98
	M4 信息清晰主观量表	8.857	0.86

续表

三级因素	指标	指标得分	指标归一得分
F2 可理解性	M5 访问次数	1.373	0.53
	M6 点击百分比	0.952	0.95
	M7 从首个注视点到点击用时	3.752	0.37
F3 可决策性	M8 可理解性主观量表	8.571	0.86
	M9 状态可见性主观量表	7.286	0.73
	M10 可决策性主观量表	8.286	0.83
F4 可操作性	M11 点击次数	1.167	0.58
	M12 控制感及响应速度主观量表	5.714	0.57
F5 任务时间	M13 任务时间	10.043	0.75
	M14 效率主观量表	7.857	0.79
F6 可学习性	M15 可学习性主观量表	8.714	0.87
F7 可记忆性	M16 可记忆性主观量表	8.714	0.87
F8 任务完成度	M17 任务完成个数比率	0.955	0.95
F9 任务质量	M18 任务完成质量主观量表	8.143	0.81
F10 错误	M19 出错次数	0.053	0.75
	M20 错误挽回率	0.467	0
	M21 出错性主观量表	6.714	0.67
F11 稳定性	M22 稳定性主观量表	7.857	0.79
F12 安全性	M23 安全性主观量表	7.714	0.77
F13 整体满意度	M24 整体满意度主观量表	8.857	0.89
F14 友好性	M25 友好性主观量表	8.714	0.87
F15 信心	M26 信心主观量表	8.429	0.84
F16 美感	M27 美学及吸引力主观量表	8.000	0.80
F17 挫折	M28 挫折感主观量表	8.429	0.84
F18 打扰性	M29 打扰性主观量表	8.286	0.83
F19 担忧	M30 担忧主观量表	8.429	0.84
F20 耐心	M31 耐心主观量表	8.000	0.80

依据可用性评估体系,对表 3.22 中的数据结果进行计算整理,并对一级因素、二级因素的得分进行归一化处理,得到最终的护理床界面可用性评估表(表3.23),其中括号外为归一化后的得分,括号内为权重系数。

表 3.23　护理床界面可用性评估

一级因素得分(权重)	二级因素得分(权重)	三级因素得分(权重)
效率 0.76(0.33)	用户成本 0.66(0.15)	可发现性 0.73(0.023)
		可理解性 0.710(0.042)
		可决策性 0.71(0.027)
		可操作性 0.58(0.054)
	时间成本 0.77(0.07)	任务时间 0.77(0.070)
	学习成本 0.87(0.11)	可学习性 0.87(0.077)
		可记忆性 0.87(0.035)
有效性 0.79(0.40)	完备性 0.95(0.14)	任务完成度 0.95(0.140)
	准确性 0.70(0.26)	任务质量 0.81(0.034)
		错误 0.47(0.068)
		稳定性 0.79(0.075)
		安全性 0.77(0.083)
满意度 0.84(0.27)	态度 0.86(0.08)	整体满意度 0.89(0.031)
		友好性 0.87(0.021)
		信心 0.84(0.025)
		美感 0.80(0.0075)
	不适感 0.83(0.19)	挫折 0.84(0.089)
		打扰性 0.83(0.022)
		担忧 0.84(0.047)
		耐心 0.80(0.028)

在三级因素中,可发现性、可理解性、可决策性、可操作性、错误这 5 个因素得分较差,均低于 0.75 分。其中可操作性、错误这 2 个因素得分很差,均低于 0.6。而可学习性、可记忆性、任务完成度、整体满意度、友好性这 5 个因素得分较高,均高于 0.85 分。在二级因素中,用户成本、准确性这 2 个因素得分较差,低于等于 0.7 分;学习成本、完备性、态度得分较高,均大于 0.85 分。在一级因素中,满意度因素得分较高,其他两者相差不大。

结合权重系数可以看出可理解性、可操作性、错误是可用性表现最不好的 3 个三级因素,可学习性、任务完成度是可用性表现最好的 2 个三级因素。

(3)可用性问题记录及回溯性访谈数据

将记录员在实验过程中的可用性问题记录及回溯性访谈内容(见附录 3.2)进行整理归纳,绘制成表 3.24。回溯性访谈的内容包含测试用户的整体感受和对实验过程中的可用性问题的记录。

表 3.24　实验过程中的可用性问题及回溯性访谈中的解释

三级因素	因素细分	问题描述
可发现性	分类	在执行"自动翻身"时,首先前往"系统设置"中查找 在执行"开启尿失禁"任务时,首先前往"高级分部操作" 在执行"开启自动通风除臭"任务时,首先前往"设置"中查找;后解释其认为"自动"和"设置"的概念会有比较大的相似性 在执行"把护理床调节到洗脚的姿态"时,首先前往"下肢康复"中查找 在执行"关闭语音提示"任务时,首先前往"床体"中查找
	页面布局	查找"下肢康复次数""下肢康复器实时角度""清水水温"时,寻找了很长时间 "操作记录"部分占据太大位置,像是很重要的区域 在"操作记录"中,"今日数据"应该比较重要,建议强调一下
	可识别性	字体还需要加大 界面都是文字,感觉需要一些图标,这样更好理解,也更好找
可理解性	文案理解性	任务执行过程中把"床体"和"护理床整体"两个概念混淆 "起背""下腿""腿平"三个文案对于南方人来说难以理解 自动翻身数据写错,混淆了"翻身周期"和"翻身时长" 执行"下肢康复"任务时,把"慢速"当作是"较慢"
	系统可见性	很多时候不知道自己做得对不对 任务执行过程中,不知道还有多久才会结束,心里没底 希望能够有实时的运动动画演示
可决策性	引导性	在执行"下肢康复"时,设置好速度后没有执行开始锻炼的程序 在执行"开启自动翻身"时,没有执行运动
可操作性	系统反应	系统反应太慢 点击反应不灵敏,造成多次点击 Switch 开关只能点击,不能拖动
错误	错误操作	在执行"开启尿失禁模式"任务时,错误地点击了"自动大小便"开关 考虑到患者的安全,希望能够让用户反复确认某些操作后再执行,以防出错

　　如表 3.24 所示,记录员记录的可用性问题以及回溯性访谈中用户反馈的可用性问题主要集中在可发现性、可理解性、可决策性、可操作性、错误这 5 个方面。这与表 3.23 中的数据高度一致。

　　在可发现性方面,主要有分类、页面布局、可识别性这 3 类可用性问题。其中分类问题中具有典型性的是"自动"和"设置"两者容易混淆。页面布局中的可用性问题主要集中在界面右侧的状态显示和操作记录部分。可识别性中的可用性问题主要是字体偏小和缺少图标的使用。

　　在可理解性方面,主要有文案理解性、系统可见性这 2 类可用性问题。其中系统可见性问题主要为系统执行状态以及进度不可见。

在可决策性方面,主要为引导性问题。用户觉得没有足够的引导去帮助他们完成任务。

在可操作性方面,主要为系统反应问题。主要是系统反应过慢,用户得不到操作的反馈,从而影响可操作性。

在错误方面,主要为错误操作和没有得到及时提醒的问题。

回溯性用户访谈中,测试用户对界面的整体评价为:"整体感觉很好,信息分类清晰,很容易学会。但希望在防止出错方面做更多的努力,系统反应速度需加以提升,字体也需要更大一些。"

3.4.4　护理床界面的实验结论

依据表 3.23 中的数据,得到护理床界面可用性评估表(表 3.25)。

表 3.24　护理床界面可用性问题及回溯性访谈中的解释

"一级因素"得分及权重	"二级因素"得分及权重	"三级因素"得分及权重
效率 0.76(0.33)	用户成本 0.66(0.15)	可发现性 0.73(0.023)
		可理解性 0.710(0.042)
		可决策性 0.71(0.27)
		可操作性 0.58(0.054)
	时间成本 0.77(0.07)	任务时间 0.77(0.070)
	学习成本 0.87(0.11)	可学习性 0.87(0.077)
		可记忆性 0.87(0.035)
有效性 0.79(0.40)	完备性 0.95(0.14)	任务完成度 0.95(0.14)
	准确性 0.70(0.26)	任务质量 0.81(0.034)
		错误 0.47(0.068)
		稳定性 0.79(0.075)
		安全性 0.77(0.083)
满意度 0.84(0.27)	态度 0.86(0.084)	整体满意度 0.89(0.031)
		友好性 0.87(0.021)
		信心 0.84(0.025)
		美感 0.80(0.0075)
	不适感 0.83(0.19)	挫折 0.84(0.089)
		打扰性 0.83(0.022)
		担忧 0.84(0.047)
		耐心 0.80(0.028)

应用人机工程与设计

依据表 3.22、表 3.24,得到护理床界面的可用性问题列表(表 3.26)。

表 3.26　护理床界面的可用性问题列表

可用性因素	因素细分	问题描述
可发现性	分类	大小便模块下的"自动"和"设置"概念较为类似,容易混淆
	页面布局	界面右侧状态显示和操作记录部分,布局不合理,缺乏视觉层次
	可识别性	字体偏小 界面中没有图标辅助,导致界面元素的可识别性低
可理解性	文案理解性	"起背""下腿""腿平"文案不容易理解 "翻身周期"和"翻身时长"容易混淆
	系统可见性	缺乏操作成功或失败的反馈 任务进度不可见,让用户心里没底 任务运行情况不可见
可决策性	引导性	在调节完参数,如自动翻身参数或下肢康复参数后,缺乏执行运动的引导
可操作性	系统反应	系统反应慢,不灵敏,造成多次点击
	操作性	Switch 开关只能点击,不能拖动
错误	错误操作	部分操作前没有确认,导致出错(防错性) 在错误发生时,没有很好地给予提示(错误挽回)

从整体上而言,此护理床界面的设计具有良好的用户满意度,信息分类清晰,可学习性好,界面友好,用户能够以高质量完成绝大部分任务。

从可用性各方面而言,在"可发现性""可理解性""可决策性""可操作性""错误"方面虽然做了很多设计上的努力,但在实际使用中仍然略显不足,值得继续优化,提高界面可用性。

参考文献

[1] Nielsen J,刘正捷. 可用性工程[M]. 北京:机械工业出版社,2004.

[2] Tan W S, Liu D, Bishu R, et al. Web evaluation:Heuristic evaluation vs. user testing[J]. International Journal of Industrial Ergonomics,2009,39(4):621-627.

[3] Jaspers M W M. A comparison of usability methods for testing interactive health technologies:methodological aspects and empirical evidence[J]. International Journal of Medical Informatics,2009,78(5):340-353.

[4] Saaty T L. Decision making with the analytic hierarchy process[J]. International Journal of Services Sciences,2008,1(1):83-98.

[5] Quesenbery W. The five dimensions of usability,content & eomplexity[J]. Information De-

sign in Teehnical Communication,2003,12:81-102.

[6] Lauesen S, Younessi H. Six styles for usability requirements[C]//Requirements Engineering: Foundation for Software Quality, International Workshop, Refsq, Pisa, Italy, June. DBLP,1998.

[7] Nielsen J. 10 usability heuristics for user interface design[J]. International Journal of Medical Informatics,1995,78(5):340-353.

[8] Lubke G H, Muthn B O. Applying multigroup confirmatory factor models for continuous outcomes to likert scale data complicates meaningful group comparisons[J]. Structural Equation Modeling A Multidisciplinary Journal,2004,11(4):514-534.

附录 3.1　多功能护理床界面满意度问卷

1.您的年龄是＿＿＿＿＿＿＿　　　性别是＿＿＿＿＿＿＿　　　职业是＿＿＿＿＿＿＿

2.您使用智能手机的频率是(　　)

A.从不使用　　　　　　　　B.每周小于 10 次　　　　　　　　C.每天都用

3.界面中各种信息非常清晰,一目了然,很容易找到想找的东西

非常不同意　　1　2　3　4　5　6　7　8　9　10　非常同意

4.界面中的文案和图标很容易理解

非常不同意　　1　2　3　4　5　6　7　8　9　10　非常同意

5.我时刻清楚护理床当前的状态是否良好

非常不同意　　1　2　3　4　5　6　7　8　9　10　非常同意

6.操作过程中,我一直高效地做决策/选择

非常不同意　　1　2　3　4　5　6　7　8　9　10　非常同意

7.整个操作过程中的控制感很强,系统反应也很快

非常不同意　　1　2　3　4　5　6　7　8　9　10　非常同意

8.我很高效地完成了所有任务

非常不同意　　1　2　3　4　5　6　7　8　9　10　非常同意

9.我很快地学会了使用这个产品

非常不同意　　1　2　3　4　5　6　7　8　9　10　非常同意

10.过几天再使用这个产品,我也可以很好地使用

非常不同意　　1　2　3　4　5　6　7　8　9　10　非常同意

11.我的任务完成质量很高

非常不同意　　1　2　3　4　5　6　7　8　9　10　非常同意

12.在任务过程中,我没有任何出错

非常不同意　　1　2　3　4　5　6　7　8　9　10　非常同意

13.我觉得这个产品很稳定

非常不同意　　1　2　3　4　5　6　7　8　9　10　非常同意

14.我觉得这个产品的安全性很高

非常不同意　　1　2　3　4　5　6　7　8　9　10　非常同意

15.我对这个界面非常满意

非常不同意　　1　2　3　4　5　6　7　8　9　10　　非常同意

16.这个界面很友好,很友善

非常不同意　　1　2　3　4　5　6　7　8　9　10　　非常同意

17.使用过程中我总是充满信心

非常不同意　　1　2　3　4　5　6　7　8　9　10　　非常同意

18.这个界面很美观,具有吸引力

非常不同意　　1　2　3　4　5　6　7　8　9　10　　非常同意

19.使用过程中,我没有任何挫折感

非常不同意　　1　2　3　4　5　6　7　8　9　10　　非常同意

20.界面的打扰性很低

非常不同意　　1　2　3　4　5　6　7　8　9　10　　非常同意

21.使用过程中,我没有任何担忧

非常不同意　　1　2　3　4　5　6　7　8　9　10　　非常同意

22.使用过程中,没有任何东西让我失去耐心

非常不同意　　1　2　3　4　5　6　7　8　9　10　　非常同意

23.使用过程中,我没有任何困扰

非常不同意　　1　2　3　4　5　6　7　8　9　10　　非常同意

24.我还有其他问题想补充_____

附录3.2 可用性问题记录及回溯性访谈内容

被试编号	可用性问题的记录	测试用户的整体感受
P1	在执行"自动翻身"时,首先前往"系统设置"中查找 在执行"下肢康复"任务时,把"慢速"当作是"较慢" 在执行"开启尿失禁"的任务时,首先点击了"自动大小便" 任务执行过程中把"床体"和"护理床整体"两个概念混淆	"起背"和"下腿"两个文案对于南方人来说难以理解 界面中的信息分类清楚,容易找到内容 字体还需要加大
P2	在执行"下肢康复"任务时,设置好速度后没有进入开始锻炼的程序 查找"下肢康复次数"和"下肢康复器实时角度"时,花费了很长时间 在执行"把护理床调节到方便洗脚的姿态"任务时,不能理解"下腿"的意思 在执行"关闭语音提示"任务时,首先前往"床体"中查找	"起背""下腿"和"腿平"不好理解 可学习性还不错,分类清晰 字体还是偏小 "操作记录"部分占据太大位置,像是很重要的区域
P3	在执行"开启尿失禁模式"任务时,错误地点击了"自动大小便"开关	
P4	自动翻身数据写错,混淆了"翻身周期"和"翻身时长" 查找"实时角度"时,花了很长时间,可解释其以为实时角度和下面的操作记录在一起 在执行"开启尿失禁"任务时,首先前往"高级分部操作" 在执行"开启自动通风除臭"任务时,首先前往"设置"中查找。可解释其认为"自动"和"设置"的概念会有比较大的相似性	系统反应太慢

被试编号	可用性问题的记录	测试用户的整体感受
P5	执行"下肢康复"任务时,没有执行锻炼 查找"下肢康复次数"时,没有找到 执行"开启尿失禁"任务时,首先前往"高级分部操作",后点击"小便处理" 在执行"把护理床调节到方便洗脚的姿态"时,首先前往"下肢康复"模块 在执行"开启自动翻身时",没有执行运动	总体还不错,系统反应有点慢 考虑到患者的安全,很多操作希望能够让用户反复确认后再执行,以防出错 希望"自动翻身"的参数设置完成后可以提示执行操作 不能理解"下腿"的意思
P6	查找"下肢康复次数""下肢康复实时角度""清水水温"时,花费了很长时间 点击反应不灵敏	界面都是文字,感觉需要一些图标,这样更好理解,也更好找 很多时候不知道自己做得对不对
P7	多次点击	任务执行过程中,不知道还有多久才会结束,心里没底 四大功能模块在顶部,可以让人看清楚这个产品有什么功能 希望能够有实时的运动动画演示 在"操作记录"中,"今日数据"应该比较重要,建议可以强调一下

第4章 草图思维过程中设计顿悟研究

4.1 认知心理学中顿悟的相关概念与实验假说

4.1.1 认知心理学的相关概念

(1)创造性思维的概念

截至目前,创造性思维的概念有诸多版本。心理学家倾向于把创造性思维定义为"根据一定目的和任务,运用一切已知信息,开展能动思维活动,产生出某种新颖、独特、有社会或个人价值的产品的智力品质"。创造性思维还可被通俗地定义为"以感知、记忆、思考、联想、理解等能力为基础,以综合性、探索性和求新性为特征的高级心理活动"。至于创造性思维的过程,则离不开繁多的推理、想象、联想、直觉等思维活动。在学术研究中,创造性思维可按广义的与狭义的概念来解读。从广义而言,创造性思维是指在已有经验的基础上,通过多角度思维产生出新颖独特、有社会价值的想法。从狭义上来说,对某一具体的思维主体而言,但凡具有新颖、独特意义的思维,皆可称为创造性思维。心理学中关注更多的是广义的创造性思维。

对于基于过程的创造性思维的概念诠释,著名心理学家 Torrance(托伦斯)将其定义为"对问题、短处、所知晓的不足、基础信息的缺失、不和谐、不统一等情况变得敏锐,并发现问题所在,寻找方法,进行构想和假设,并不断验证,或不断修正,最后得出结果的整个阶段过程"[1]。

创造性思维的本质有五个方面:①发散思维与集中思维的统一;②直觉思维与分析思维的统一;③横向思维与纵向思维的统一;④逆向思维与正向思维

的统一；⑤潜意识思维与显意识思维的统一。其中，与本章研究密切相关的是潜意识思维和显意识思维。现代思维科学研究表明，人们可以在潜意识水平上处理并理解所见到的现象，潜意识能阻碍来自客观的大多数刺激，而让少数几种选择的刺激信息浸入潜意识思维过程；在显意识过程中不能组合加工的信息，能在潜意识思维过程中组合加工。因此，潜意识思维常在创造中起重大作用。创造活动中的孕育期实际上就是潜意识思维的过程。

（2）顿悟的概念

创造性思维的主要形式有顿悟、类比迁移、假设检验、创造想象等，顿悟作为创造性思维的重要部分，历来是心理学领域的热门研究课题。

在心理学上，格式塔派心理学家 Kohler（苛勒）最早提出了顿悟的概念。苛勒认为，它是以突变，而非渐变的方式发生的。心理学家将这种突然领悟和觉察到问题解决办法的心理机制称为顿悟。

格式塔派定义顿悟主要是指通过观察了解全局，或知晓如何达成目标的途径，从而在主体内部确立起相应的目标和手段之间的关系的过程。这个定义被广泛认可。Smith（史密斯）将顿悟定义为对某问题运作的深度理解，其中可能包括能解决难题的关键想法[2]。而 Kaplan（卡普兰）将顿悟定义为通过领会去理解问题概况的行为或能力，这个定义与心理学家 Torrance 对于创造性思维的定义不谋而合。

现象派学者 Metcalfe（梅特卡夫）等将顿悟定义为无意识的"灵光一闪"（a flash of illunfinance）[3]。现象派强调了问题得以解决依赖于突发性的灵感。

表征派顿悟观中的表征转换理论较具影响力。Ohlsson（奥尔森）提出，只有问题的解决停滞不前时，顿悟才会发生。只有打破这种停滞不前，才有出现顿悟的可能性[4]。同一学派的 Knoblich（克诺布利希）等认为，问题解决者建立的最初表征使不重要知识被激活，而重要知识却未被激活，这为问题解决设置了障碍。只有转换这个最初表征，改变知识激活状态，才能达到顿悟，顺利解决问题。表征转换主要依赖于障碍消除机制及组块分解机制[5]。

加工派认为，当预期进展与设想不同时，就会出现标准失败，即当前状态与预期标准出现的最小差距。而标准失败往往易将问题的解决者带入困境。解决者会有意愿走出困境，尽全力找出解决方法，在此过程中，顿悟便得以产生。

综观以上各学派对顿悟的定义，格式塔派认为，顿悟是通过对问题全局了解后，由目标与方法之间对应关系的激发而来；现象派则强调顿悟由突发灵感触发。这两个学派对顿悟的描述虽有所差别，但观点基本一致，强调了顿悟的突发性。表征派和加工派则更注重从信息加工层面解读顿悟,强调顿悟出现在困境或是标准失败后,并提出一个问题的解决过程是由不同组块构成的。

而在设计领域,我国学者亦提出了自己的理解。夏盛品认为,顿悟指的是在思维上的瞬间突破,在设计思维过程中,这种突破能产生意想不到的创意效果。在顿悟爆发前,并没有固定的方法可循,但需要知识的积累,同时有明确而执着的动机,丰富的想象和联想,有时还需要来自外界的信息作为"引爆的导火线"[6]。

(3)顿悟的特征

出现重要想法往往是人们解决某问题的一个转折点,同时,人们往往会兴奋地发出"啊哈"的声音。因而,顿悟也常常被称为"啊哈"效应或"尤卡里"瞬间(因找到某物尤其问题的答案而高兴)。

Kaplan认为顿悟的特征如下:发生前常出现一定时长的挫败感;由顿悟获得,可能是问题解决方案,也可能是引导的思路;顿悟伴随着创造性;顿悟前可能会有酝酿期。

心理学研究者认为,顿悟现象主要有六个特点:①在问题解决之前,常有一个困惑或者沉静的时期,在该阶段,解决者表现出迟疑不决,并伴有长时间的停顿,这也可被视为问题解决的"潜伏期";②从问题解决前到问题解决之间的过渡不是一种渐变的过程,而是一种突发性的质变过程,而且这种突然出现的想法可能是问题的解决方案,也可能是解决方案即将出现的意识闪现;③在问题解决阶段,行为的操作是一个顺利的不间断的过程,从而形成一个连续的完整体,很少有错误的行为;④顿悟依赖于情境,当解决方法的基本部分与当前情境之间的关系比较容易察觉时,就容易出现顿悟;⑤顿悟与工作记忆、长时记忆皆有关联,由顿悟获得的问题解决方法能在记忆中保持较长的时间;⑥顿悟的关键机制是类比迁移,在一种情境中产生的顿悟可以迁移到新的场合中去[7]。

4.1.2 创造性思维过程的模型

创造性思维过程的相关模型或学说较多,本章研究选取其中具有代表性的学说进行论述与概括。

(1)Wallace(华莱士)的四阶模型

Wallace认为,任何创造性思维过程都有准备期、孕育期、明朗期、证实期这四个主要阶段[8],每个阶段的主要内容和目标皆不同,但或多或少会促成问题的创新解决和创造。

①准备期。在此阶段,认知主体已清楚要解开什么问题,或是达到什么目标,

并开始以这个问题或目标为中心,收集资料与相关信息,将这些资料与信息整合归纳,形成个体认知,在此基础上,逐渐开始有解决问题或达到目标的想法。

②孕育期。此阶段的一大特点是有潜意识的参与。Wallace 认为,认知主体在孕育期会把百思不得其解、待解决的问题放在一边,更多地去考虑其他事情,但实际上,大脑的潜意识依然在思考。这一时期的时间长短不定,但在此时期,会有一些向明朗期突然转变的时间点,顿悟亦常常发生在该时期。

③明朗期。在孕育期后,认知主体对于任务目标逐步清晰,认知主体可能突然被某偶然事件或某特定启发唤起,豁然开朗。在这个阶段,认知主体将重构认知结构,不断产生新想法,以推动问题的解决,达成预设目标。由于偶然事件的突然性,这一阶段也被称为顿悟期,而这个阶段的顿悟源于准备期和孕育期的沉淀。

④证实期。证实期会对明朗期产生的新想法和思路进行逻辑检验,以明确新想法和思路的可行性、可拓展性等。若可行性不足,则认知主体会全部或部分回转前面的阶段。

Wallace 的创造性思维四阶模型(图 4.1)全面涵盖了显意识思维与潜意识思维,其中显意识思维主要参与了准备期的资料和信息搜集,以及证实期的逻辑检验,而潜意识思维则主要参与了孕育期的继续思考和明朗期的知识重构。创造性思维的发生来自显意识思维和潜意识思维的共同作用。该模型的全面性使其被创造性思维相关研究领域广泛认同并采用,至今仍具有较大影响力。

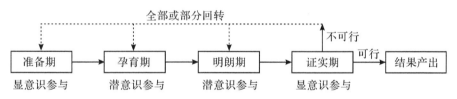

图 4.1   Wallace 创造性思维的四阶模型

(2)刘奎林的潜意识推论模型

我国思维科学研究专家刘奎林在 1986 年已对灵感的本质、特征和诱发等问题做了较深入的探索[9],并努力在脑科学、现代物理科学等相关领域研究成果的基础上,对灵感的启发机制做出客观严谨的科学论证。刘奎林提出了潜意识推论模型,继而又提出了灵感发生模型。由于刘奎林认为灵感思维在创造性思维过程中的地位重要,故潜意识推论模型也可被看作是创造性思维过程的一种。他认为,诱发灵感的过程由五步组成,即境域—启迪—跃迁—顿悟—验证,其以反馈为联系,不断循环渐进,实现灵感的启发。

①境域,指的是诱发灵感所需要的境界。这个境界通俗来说就是认知个体需要对所做的事情、所达到的目的有所了解,并将自身专注于解决某个问题,或是达到某个目的。

②启迪,指的是能够诱使灵感启发的突然性、偶然性的因素或信息。

③跃迁,指的是灵感启发时的非逻辑变化。这种跳跃式的变化是信息在思维过程中发生了跃迁。而跃迁是潜意识思维的一个特点,这种变化方式是非连续的、非逻辑的质变。

④顿悟,被定义为潜意识孕育成熟后同显意识沟通时的瞬间契合。有的认知个体的孕育时间较长,有的认知个体的孕育时间较短,而顿悟则是灵感孕育成熟迸发的一个标志。

⑤验证,是对顿悟出现结果的真伪进行逻辑分析与鉴别。顿悟后的新思路、新方法往往会存在不足,需验证其是否可行,是否有价值。若与所要解决的问题不符,或是达不到预期的目标,则通过反馈进行再思考,重新孕育,直到问题解决,或是预期目标达到。

虽然刘奎林的潜意识推论模型与 Wallace 的四阶模型诠释角度不同,但得出的过程模型十分相近。不同之处在于,刘奎林的模型强调了在潜意识思维过程中的非逻辑变化,以及潜意识同显意识相互作用的节点,但潜意识同显意识相互作用节点的提出尚有待研究与讨论。综观两者的结论,刘奎林的模型更倾向于对 Wallace 的四阶模型的完善。虽然相互作用的提出偏假说,但刘奎林的模型跳出了仅从心理学角度看问题的局限,还从脑科学和现代物理科学的角度来解读,这亦是一大突破。

(3)其他创造性思维模型

20 世纪 40 年代,德国心理学家 Werthermer(韦特默)在其书中提出"创造性思维"概念[10]。Werthermer 认同格式塔心理学派的"结构说",他指出,创造性思维并非按部就班按逻辑演化,也并非盲目依靠联想。创造性思维的过程只能依靠顿悟获得,该过程不能通过流程化来练习,亦不能完全来源于过去的经验。

20 世纪 60 年代,美国心理学家 Guiford(吉尔福特)提出了智力三维结构模型[11]。第一维度指的是智力的内容,包括图形、符号、语意和行为;第二维度指的是智力的操作,包括认知、记忆、发散思维、聚合思维和评价;第三维度指的是智力的产物,包括单元、类比、关系、系统、转化和蕴涵。Guiford 认为,创造性思维的核心是第二维度的"发散思维"。这种理论的提出也是对创造性思维研究的一种创新和突破,但此理解未免过于简单化。

与 Guiford 提出相似理论的,还有美国耶鲁大学教授 Sternberg。他用创造力内隐理论分析法对创造力进行了深入分析,于 1988 年提出了较有影响力的创造力三维模型理论[12]。第一维指的是与创造力有关的智力(智力维);第二维指的是与创造力有关的认知方式(方式维);第三维指的是与创造力有关的人格特质(人格维)。其中,智力维与创造性思维联系紧密,智力维中内部关联智力的执行成分涉及创造性思维的心理过程,获得成分涉及创造性思维核心——顿悟的组成要素,而元成分则涉及了问题解决过程中的计划、监控与评价。

(4)代表性创造性思维模型的评价

各种代表性的创造性思维模型都是该时期的研究成果,其对创造性思维研究领域有着毋庸置疑的贡献。综观这些模型,Guiford 提出的智力三维结构模型将创造性思维的核心定义为发散思维,过于片面;而 Werthermer 提出的结构说只是明确了创造性思维依靠顿悟推进,但并没有对创造性过程做具体分析;Sternberg 提出的创造力三维模型理论给出了创造性思维的心理过程,但缺乏理论层面的支撑,有待继续研究。从理论学说的完整性和过程的分析而言,Wallace 和我国学者刘奎林的模型更完善,经得起推敲,模型的卓越之处在于过程完整,并在过程中强调了潜意识与显意识对创造性思维的影响。目前四阶模型为心理学界广泛认可,我们对工业设计过程中顿悟的研究也以四阶模型作为创造性思维过程的研究依据。

4.1.3　产品设计过程与创造性思维

人类所创造的一切成果都是创造性思维的外化与物化[13],而产品设计则是用来发现生活中需要解决的问题,并以设计产品的方式去解决、改善该问题。产品设计中的创造性思维是以逻辑思维为基础,以形象思维为表现,以灵感思维为辅助而形成的线、面、体相结合的综合思维[14]。

对设计过程的区分和归类,也有不同的理论和学说。以一项产品的设计过程为研究对象,整个过程大致可以分为设计准备、设计展开、设计完善、设计实施这四个阶段(图 4.2)。

图 4.2　产品设计的四个阶段

①设计准备。在获得设计任务、了解需求点后,设计师接受任务并制订计划。首先,需进行市场调研[15]、明确设计定位、确立设计目标。紧接着,需围绕该定位和目标收集资料与相关信息,整合归纳,总结要解决的需求和现存问题。

②设计展开。设计师应以解决上述需求和问题为出发点,创作草图,草图应包括最初的构思及一定发散。

③设计完善。在进行构思和发散后,需对现有草图进行分析,完善可行方案、增加细节、丰富呈现效果(阴影、上色、电脑效果图等)。电脑辅助设计阶段还可结合结构、工艺,不断对设计方案进行修改和完善,寻求最佳设计方案。

④设计实施。得出设计方案之后,进行打样或原型机的制作。

产品设计的过程会因为个人设计习惯的不同以及所受设计教育不同而存在一定差异,但基本的设计过程都包含这四个阶段。

由于产品设计是创造性思维的表现,且产品设计过程与四阶模型过程密切相关,故产品设计过程可被视为四阶模型的反复作用与完善的结果。

4.1.4　显意识与潜意识

创造性思维过程包括显意识与潜意识的相互作用。为了后续能更准确地提出假说,需对显意识和潜意识的定义有所了解。

意识是指大脑对认知、情感和意志等心理过程的觉察、调节和控制[16]。显意识即思想,它是人在社会中所受教育的结果。语言、文字、道德、伦理、逻辑等范畴都是人的显意识,即人的思想。

潜意识由心理学家 Freud(弗罗伊德)提出,指的是隐藏在我们一般意识底下的一股神秘力量,是相对于显意识的一种说法。潜意识是人们不能主观认知到或还没有认知到的部分,是人们已经发生但未达到意识认知状态的心理活动过程。

潜意识具有以下几项重要特征:能量巨大;喜欢带有感情色彩的信息;不识真假,不做判断;易受图像刺激;记忆差,需强烈刺激或反复刺激;放松时最容易进入潜意识。

4.1.5　阈值与潜意识

(1)阈上知觉与阈下知觉

在心理学研究领域,阈值的概念主要用于区分认知个体心理活动发生于意识感知之内,还是意识感知之外。

阈上知觉是指认知个体主观感知对认知个体思维等各方面的影响。阈下知觉是指当一个刺激出现时,认知个体虽没有主观察觉到,但该刺激依然对认知个体的思维、情绪、行为、学习或记忆产生影响[17]。有研究者将阈下知觉等同为无意识知觉。研究者认为刺激其实是得到了被试的注意,但由于呈现时间过短和呈现状态掩蔽,其强度变得十分微弱,达不到阈值大小,所以没有进入显意识[18]。

学者在阈限的定义上存在分歧。Holender(霍伦德尔)认为应以客观阈限作为定义标准[19]。他认为刺激未超过客观阈限值时,也能触发一定的感知效果,且这种效果也可能被认知个体感受到。部分学者认为 Holender 的概念过于片面,阈下知觉应该是一种超越了客观阈限,但没有超越主观阈限的知觉[20]。刺激强度超过客观阈限,就能被感觉到,即进入了阈下知觉;而刺激强度在超过了客观阈限的同时超过了主观阈限,则进入了意识层面。

综上所述,对于阈下知觉的定义,若考虑到不同认知个体的差异性会更全面和完善。

(2)潜意识与阈知觉

潜意识与阈知觉在心理学研究领域中是两个重要的领域,其关系如图 4.3 所示。潜意识偏向意识层面,故阈知觉偏向感知层面,意识的形成是感知层面的产物。意识由显意识与潜意识组成,而显意识与潜意识又受阈上知觉和阈下知觉影响。

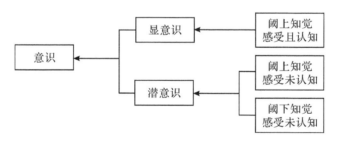

图 4.3　潜意识与阈知觉

4.1.6　基于顿悟的实验假设

在心理学研究中,张庆林等提出与顿悟相关的原型启发理论[21],认为顿悟过程是一个原型启发的过程,而原型启发是顿悟的核心成分。原型是指能对目前的顿悟问题解决起到启发作用的认知实践,可能是认知个体脑中的表征,亦可能是认知个体脑中已有相关问题的解决策略,还可能是对认知个体的发现有启发作用的线索[22]。目前,该理论已被一些相关的研究证实和检验。

在设计领域中,解决设计问题本身有多种方式,并没有一种固定模式,往往先从设计准备期的资料搜集阶段梳理出所需解决的问题,之后会依据类似于"原型"的先前知识解决问题。格式塔派提出,问题解决中顿悟的发生源于两方面——先前知识和问题重组[23-24]。当更多老练的设计师经历了顿悟,他们可能会从先前知识借鉴更多,尔后重组问题,从而以更高质量和更高效率完成设计过程。

产品设计过程是四阶模型反复作用和完善的结果,显意识主要作用于设计准备与设计完善,而潜意识主要作用于设计展开与设计完善。顿悟是潜意识孕育成熟的表现,因此,本章研究提出假说:潜意识暗示亦可促进产品设计过程中顿悟的发生,且潜意识暗示产生的顿悟亦能不断推进设计过程。

潜意识包含了人们不能主观认知或没有认知到的部分。人们不能主观认知的部分可被认为是认知个体在阈限之上(阈上知觉)进行的认知活动。在主观认知之外所接收到且没有认知到的部分可以被认为是个体在进行认知活动时,出现的信息由于刺激量没有达到阈限,导致这些信息没有被个人认知到,但是同样能被潜意识所接收。

综上所述,本研究将进一步提出以下两个假说。

(1)阈上知觉的潜意识暗示与阈下知觉的潜意识暗示。两者对产品设计过程中顿悟的产生均有影响,并可通过实验进行验证。由于产品设计过程中的设计准备主要由显意识参与,设计完善和设计实施主要由显意识参与或通过"四阶模型"的回转作用,为尽可能消除显意识和反复作用的影响,实验将以设计过程中的设计展开(手绘过程)为研究对象,具体研究该过程潜意识暗示对顿悟的影响。

(2)不同经验的设计师在设计过程中发生顿悟行为时存在一定的差异。可通过设计草图实验进行验证。产品设计过程中,不同设计经验的设计师(专家和新手)由于设计阅历和专业知识以及审美素养等方面的差异,在设计草图时,顿悟行为中会产生一定的差异。应用可视化处理先对设计草图过程进行分段,再结合图形辨识度以及主观访谈的结果,分析出设计顿悟的行为差异,进而研究设计经验对于顿悟的影响。

4.2　阈上知觉的潜意识暗示对手绘过程中顿悟的影响

4.2.1　基于阈上知觉的实验目的与方法

(1)实验目的

本次实验的目的是验证上文提出的假说之一——阈上知觉的潜意识暗示

对手绘过程中顿悟的产生有影响。实验通过综合确定不同被试在实验过程中顿悟的产生过程、草图复杂度、被试的回溯性访谈,来验证阈上知觉的潜意识暗示是否对手绘过程中顿悟的产生有影响。

(2)实验方法

本实验主要采用控制变量法。通过对工业设计中造型维度潜意识暗示的变量控制,给予被试相同的设计任务,被试将用手绘表达自己的想法,整个过程将被全程摄录。要求被试在完成手绘后,对照自己的视频,描述彼时想法,该叙述将通过音频的形式记录。通过对记录视频、音频及最后设计方案的分析,来确定不同潜意识暗示对设计过程及方案的影响,验证潜意识暗示是否对设计过程中顿悟的出现有影响。

本实验给予的任务是手绘完成一项产品设计。产品直观维度大致可分为色彩、造型、材料。在手绘表达过程中,色彩和造型是可以直观表现的,而材料的表现往往通过色彩表现,并需联系造型确定。色彩的表现在手绘过程中处于较后期,且色彩选择的思维没有贯穿整个手绘过程。因此,本实验选择造型维度作为变量。

(3)实验所用的工具及材料

本实验要对即时的手绘过程进行全程影像摄录,以便进行实验分析。在一个实验过后,设置一定的实验间隔时间让被试休息,并为下一组实验抽签分组,每个实验完成之后进行访谈。本实验不需要被试携带任何工具器材,会为被试提供工业设计手绘过程中常用的工具。本实验用到的工具和器材包括摄录设备若干台(带支架)、录音设备、A4 打印纸、签字笔、中性笔、圆珠笔、自动铅笔、2B 铅笔、橡皮擦等。

4.2.2　基于阈上知觉的实验数据

(1)设计过程的构成

工业设计手绘草图的过程就是设计展开的过程,从最初接到任务到构思,到形成初步想法,再到想法完善,最后通过完善细节成为一幅完善的手绘草图。我们希望通过对整个实验过程的摄录,得到被试在整个手绘草图过程(设计展开与完善)中发生的事情,了解被试的手绘草图过程包含哪些阶段与模块,以及他们的设计展开依据哪些思路。

(2)草图的复杂度

草图复杂度的变化往往代表被试设计展开阶段的丰富程度与质量,对设计的投入程度及设计效率的高低等。复杂度的定义参照 Rodgers 等的研究[25]（图4.4）。复杂级别 1（复杂度最低）：线稿，没有阴影表现来支撑 3D 造型。没有使用文字注释，也没有标识数字尺寸。动作箭头可以指示移动部分。复杂级别 2：线稿，没有阴影表现来支撑 3D 造型。但有不同粗细、轻重的线条这一单一媒介的使用。会出现 1 个或 2 个注释，但不会多于 6～7 个字。复杂级别 3：线稿，伴有粗糙的阴影表现来支撑 3D 造型。草图被认为能描述想法的一些确定层面，会展示出维度。复杂级别 4：3D 形态有许多微妙的造型，草图几乎全部诠释。色彩或者色彩线条的渐变被用来阐述确定的概念，但是不展示部分真实色彩。复杂级别 5（复杂度最高）：色彩被用来展示产品的局部真实颜色。草图中应用了许多造型（包括高光和锋利线条）来表现 3D 形态。往往有注释用于阐述及解释想法。一般来说，构建一个复杂的草图，往往需要运用许多的线条。复杂级别较高的草图往往意味着设计展开阶段构思的发散较多，也反映出在手绘表达过程中顿悟发生的可能性较大。由于本实验排除了色彩的影响，因此，在草图复杂度的判断上需规避复杂级别中的色彩标准。

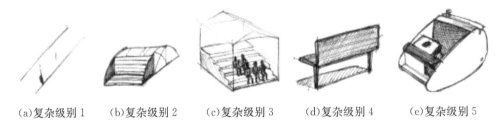

(a)复杂级别 1　　(b)复杂级别 2　　(c)复杂级别 3　　(d)复杂级别 4　　(e)复杂级别 5

图 4.4　草图复杂度定义

（3）各阶段的时间分配

各阶段的时间分配与设计过程的构成紧密相关，它能反应被试在每个阶段所花精力与思维的多少，从而影响整个阶段顿悟的出现情况。

选取安静无干扰的环境进行实验。应将摄录设备放置在合适位置，尽量不影响被试的情绪，防止他们注意到自己被拍摄。在手绘完成后尽快采访，收集贴近手绘时的思维方式。完成任务后，让被试尽快离场，避免已完成实验的被试影响其他未完成的被试，此外，防止被试之间相互交流。

4.2.3　基于阈上知觉的预实验内容

实验根据 De Vaul 等提出的定义设计：潜意识暗示能被定义成刺激超出

了主体意识,它出现的强度低,时间短,并且隐藏在其他刺激的"面具"之后[26]。

预实验选择 3 名工业设计系研究生进行实验。实验为造型方面的潜意识暗示实验,需 3 人随机抽签,并分别独立完成。其中,A 同学受 A 类潜意识暗示,B 同学受 B 类潜意识暗示,C 同学则受条件控制,不接受暗示。实验所选潜意识暗示为造型的柔和与工业感。

在开始介绍设计任务前,主试提供给 A 共 9 张相同风格的图片。A 可在 5 秒内浏览所有图片,并在 30 秒内回答与图片相关的一个问题。每张图片经去色处理,造型风格柔和圆润(图 4.5),主试所提出的问题与造型风格无关,旨在转移被试注意力。例如,关于图 4.6 所示的一款公仔造型 U 盘,主试可设问:请问您觉得这属于什么类型的产品?

主试提供给 B 共 9 张另一风格的图片。B 亦可在 5 秒内浏览所有图片,并在 30 秒内回答与图片相关的一个问题。每张图片经去色处理,造型风格棱角锋利(图 4.7)。

图 4.5 柔和圆润的九张图

图 4.6　实验用图

图 4.7　棱角锋利的九张图

　　设计任务是让 3 位同学设计一款灯的造型，不限制功能、材料及色彩。选取灯这一常见的产品作为设计任务，是由于被试整体对灯的知识储备与认知相对较完备，且从色彩层面而言，不需考虑灯光所呈现的颜色，从而规避色彩因素,更适合进行以造型维度为变量的实验。在预实验中,每个被试被要求在手绘过程中,一边手绘,一边口述自己的思路,且预实验全程通过视频记录。

预实验在探索中逐渐完成,但也出现了一些问题,并收到了被试的反馈:

①图片选择不够完善,出现了图片模糊等问题;

②实验开始前,被试缺少足够的构思时间;

③在要求说出思路之前需组织语言;

④边说边画会打断思路;

⑤从构思到说出的过程中,语言是思维过滤的结果;

⑥由于被试来自不同的学校,接受过不同的手绘教育,因此在思维上有较大差异;

⑦设计任务的选择易限定思维,可考虑更宽泛的任务,例如,在造型维度中应突出功能、淡化造型等。

4.2.4 基于阈上知觉的正式实验内容

正式实验选择了9名来自浙江某高校工业设计系的大三学生,他们来自同一个班级,有着相同的课程积累和教育背景。

进行造型方面的潜意识暗示实验时,9人随机抽签,分成3组,每组分别独立完成实验。其中,A组同学受到A类潜意识暗示,B组同学受到B类潜意识暗示,而C组同学受到条件控制,在设计任务前,不接受暗示。实验所选的潜意识暗示是造型的柔和与工业感。

在开始介绍设计任务前,主试提供给A组共9张造型风格较棱角锋利的图片(图4.8)。A组可在5秒内浏览所有图片,并在30秒内回答与图片相关的一个问题。设问方式与预实验相同。

主试提供给B组共9张造型风格较圆润柔和的图片(图4.9)。B组亦可在5秒内浏览所有图片,并在30秒内回答与图片相关的一个问题。

对C组同学不提供任何图片观看及潜意识暗示。

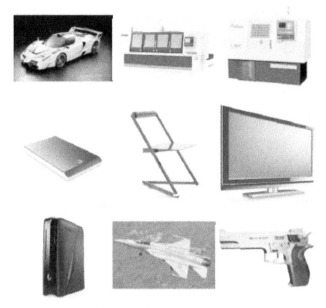

图 4.8　棱角锋利的九张图

图 4.9　圆润柔和的九张图

在给予设计任务之前,主试先告知被试,在接到设计任务后要进行构思,构思无时间限制,完成后可向负责录像的实验人员示意,在完成后需对照自己的视频,描述自己的思路过程。

设计任务为照明装置设计,将命题改为照明装置可规避预实验中灯具过于日常的影响,照明装置的选题更为宽泛,更突出设计的核心,对造型的限制更少,潜意识暗示的作用在最后的作品中更能实现。

4.2.5　基于阈上知觉的数据筛选与处理方法

实验结束后共得到 9 组实验结果。我们对每组数据进行时间可视化处理与分析后,确定了顿悟发生、草图方案与潜意识暗示之间的关联性,并通过分析视频完整性、草图丰富性、思考断裂等确定实验结果是否有效。若无效,需总结实验无效的原因。其中,由于摄录设备故障,C3 被试的实验视频不完整,故不纳入分析。

（1）分段式结构分析法

通过即时手绘实验,我们收集了手绘过程的影像视频、被试对设计过程的描述语音以及被试最后完成的手绘效果图,我们将对这些材料进行数据化、可视化处理与分析。影像与时间关系的可视化可以采用 Suwa 与 Tversky 的分段式结构分析法[27]。他们提出,设计师的注意力从设计的一个方面转变到另一个方面,可称为重点转移阶段。他们继而提出了分段记录行为的方法,通过不同分段之间的联系确定顿悟如何与周围分段相联系(图 4.10)。

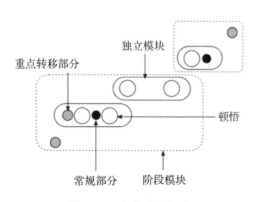

图 4.10　分段式解析法

其中,不导致依赖模块的部分被称为独立模块,导致依赖模块的部分被称为重点转移部分。为了增强宏观层面的现象,形成设计过程中不同阶段的依赖模块的序列被称为阶段模块。由于设计过程的特殊性,设计可能会被分成几个阶段模块。比如,设计理念以明显物质形式出现的部分被称为形式阶段。形式阶段包括了若干依赖模块,而描述与形式相关活动的每一个分段就是一个手绘过程的步骤。不同分段的直接联系可帮助确定顿悟的出现,发现顿悟是如何与相邻分段进行联系的。

(2)顿悟的确定

顿悟是通过对实时性报告的分析确定的。回溯性访谈被用来核实每个顿悟中新想法的存在,参与者被要求对先前想法进行描述。回溯性访谈也常被用来确定和补充与潜意识暗示相关的顿悟。一个单一阶段模块至少包括一个关键事项或决定。因此,每个设计流程的主要决定最初被当作潜在的顿悟。

罗劲和张秀玲指出,被试在解决部分项目时,会产生"啊哈"效应。研究者根据被试的评判,将成功解答的项目分成两类,一类伴随有"啊哈"效应,而另外一类反之。考虑到"啊哈"效应产生在被试顿悟之后,因此,研究者将顿悟发生的时间点锁定在"啊哈"效应前的几秒[28]。

除了"啊哈"效应,顿悟的特征也是判断顿悟产生的一个依据。每个设计流程的主要决定最初都被当作潜在的顿悟;一个阶段跳跃到另一个阶段的过程也可能发生了顿悟;长时间的沉默后也可能出现顿悟。因此,回溯性访谈可通过"啊哈"效应进一步确定顿悟,还可通过阶段的突然转变来予以确定。

回溯性访谈的一个重要内容是关于被试对手绘过程的思维描述。根据预实验反馈,在正式实验与数据的采集中,我们改进了被试对实验视频的思维描述,摄录他们手绘的过程以及他们对手绘过程的思维描述。

4.2.6　基于阈上知觉的数据结果与分析

A组为造型风格较棱角锋利的图片。

A1被试的手绘图如图4.11所示,时间分段图如图4.12所示。

A1的手绘过程共有七个阶段模块,每个阶段区分并不十分清晰。从图4.12可看出,A1出现了两次构思,且第二次构思的时间比较长;也出现了两个顿悟,但这两个顿悟与潜意识刺激不相关。这个阶段被认为是整个设计过程的潜伏期。在这个阶段,潜意识暗示开始影响设计过程。这个阶段的主要特征是时间周期相对较长,可能是由于顿悟的潜伏期较长。

图 4.11　A1 手绘图

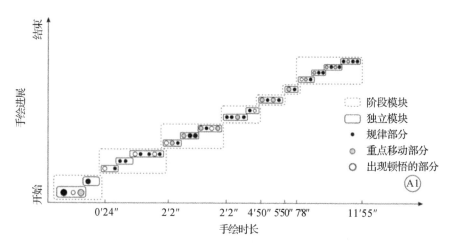

图 4.12　A1 时间分段图

　　在之后的思维描述过程中,A1 被试描述了当时的思考过程。在纸上随意画些造型以打开思路,至于为何画手表,是由于自己之前的学习经验使他想要设计一款带有探照灯功能的老年人手表。后面的手绘过程中,在对表的造型进行设计时,被试表达了想把表设计成更精密、更硬朗的意愿,于是采用了锋利的倒角与线条,这些阶段为三、四、五阶段。在第五阶段的造型完善中,出现了间隔短的顿悟显示,这些顿悟是与潜意识刺激直接相关的。最后,在五、六阶段的草图完善中,显示了与潜意识暗示明显的相关性。

応用人机工程与设计

A2 被试的手绘图如图 4.13 所示,时间分段图如图 4.14 所示。

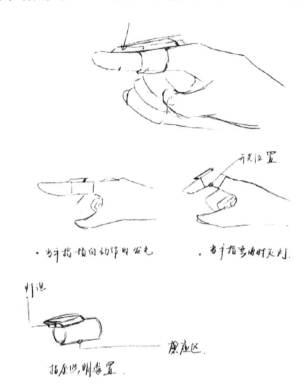

图 4.13　A2 手绘图

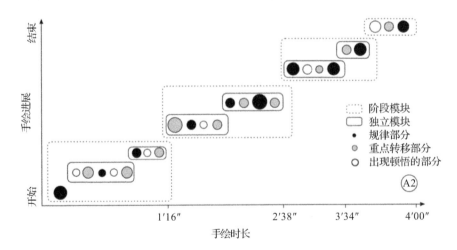

图 4.14　A2 时间分段图

　　A2 的手绘过程共有四个阶段模块,他的每个阶段区分较为清晰。最初的构思为第一个阶段,但这两个顿悟与潜意识刺激不相关,而另一个顿悟与潜意识刺激相关。在描述思维的过程中,被试指出构思较快是由于之前比赛的学习经验,他想要设计出科技感较强、较酷炫的照明装置。而在第二、三阶段,由于手指曲线的限制,造型上的线条采用了弧线,但在整个灯的设计方面,他采用了锋利、有棱有角的设计。据被试描述,在作品中表达的科技感与工业感,与设计任务开始前的潜意识暗示直接相关。

　　A3 被试的手绘图如图 4.15 所示,时间分段图如图 4.16 所示。

图 4.15　A3 手绘图

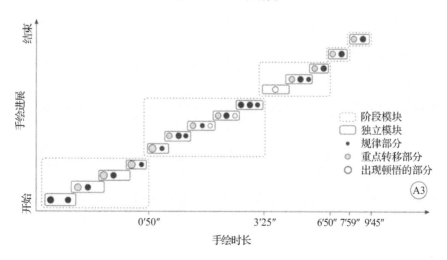

图 4.16　A3 时间分段图

119

　　A3 的手绘过程共有五个阶段模块。最初的构思为第一阶段,被试直接在纸上画出了三棱锥形的灯罩,这三个顿悟与潜意识刺激相关。在描述思维的过程中,被试指出该产品的构思是自然而然想到的,欲表达较现代、较锐利的照明装置。而第二、三分段,是被试根据照明装置摆放位置及使用方式进行的完善,采用了弹簧式的处理方法。按照被试描述,他是看到过类似的落地灯或者壁灯设计,才采用了如此结构,因此,这部分顿悟与潜意识暗示无关。最后三个模块是被试完善该照明装置的使用情景。

　　B 组为造型风格偏圆润柔和的图片。

　　B1 被试的手绘图如图 4.17 所示,时间分段图如图 4.18 所示。

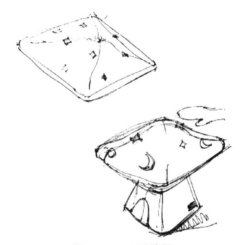

图 4.17　B1 手绘图

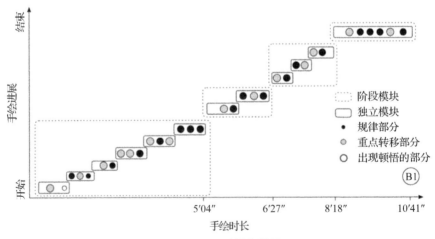

图 4.18　B1 时间分段图

120

　　B1 的手绘过程共有四个阶段模块。最初的构思为第一阶段,被试在纸上画出了类似软垫子的造型,并添上了零星的镂空纹饰,这两个顿悟与潜意识刺激相关。在描述思维的过程中,被试指出,这个灯罩的构思表现出柔和的照明设施,而镂空的星月图案表达自己对夜空的喜爱,因此,第一阶段前四部分出现的顿悟是与潜意识暗示有关的,而后两部分出现的顿悟来源于被试先前的生活经历。之后的步骤是对整个产品的完善,并画出了使用情景。被试希望通过手势感应控制灯的亮暗,这部分出现的顿悟亦来自素日课堂与课外涉猎的产品。

　　B2 被试的手绘图如图 4.19 所示,时间分段图如图 4.20 所示。

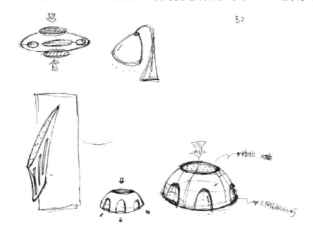

图 4.19　B2 手绘图

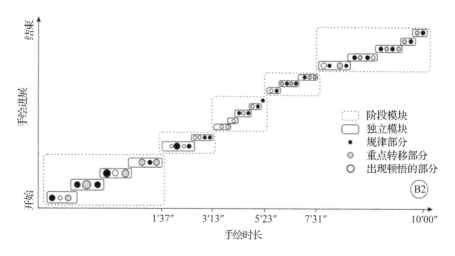

图 4.20　B2 时间分段图

B2 的手绘过程共有五个阶段模块。最初的构思为第一、二阶段,被试在纸上画出了类似 UFO 飞碟的造型以及普通台灯的造型,这表明第一阶段的顿悟与潜意识暗示相关。在描述思维的过程中,被试指出,构思这个照明装置是受吸尘机器人的启发,但觉得深化下去有所难度,于是又画了两款灵感来源于生活的方案,因此,第二、三阶段的顿悟与潜意识暗示无关。第三阶段是对飞碟方案的深化,据被试描述,画出生活中已有物品不够创新,他想大胆尝试,看看设计出的结果如何。

B3 被试的手绘图如图 4.21 所示,时间分段图如图 4.22 所示。

图 4.21 B3 手绘图

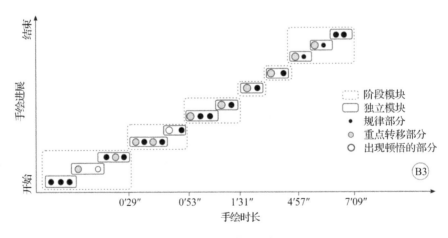

图 4.22 B3 时间分段图

B3 的手绘图中共有 11 个造型,过程总共有六个阶段模块,整个手绘过程都停留在思维发散阶段。据被试描述,整个手绘过程中,其对设计任务都没有明确的想法,想通过画自己日常印象中的产品寻找灵感,最终依然不知从哪个方向进行深化。

C 组为没有图片的空白对照组。

C1 被试的手绘图如图 4.23 所示,时间分段图如图 4.24 所示。

图 4.23　C1 手绘图

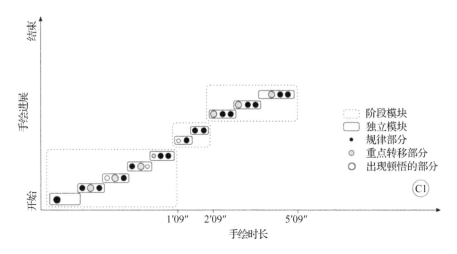

图 4.24　C1 时间分段图

C2 被试的手绘图如图 4.25 所示,时间分段图如图 4.26 所示。

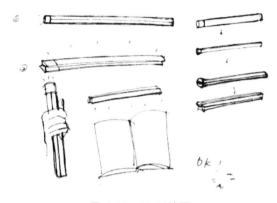

图 4.25　C2 手绘图

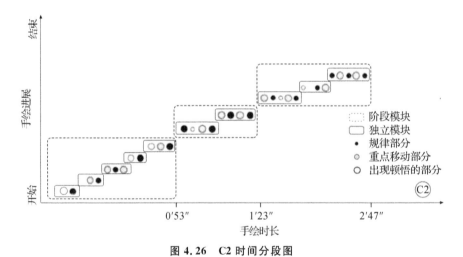

图 4.26　C2 时间分段图

C2 的手绘过程共有三个阶段模块。被试在接到设计任务时,第一阶段,在纸上画出了几根灯管造形,第二阶段和第三阶段画出了它的使用方式及使用情景。在描述思维的过程中,被试指出方案是源于生活的产品见闻或比赛作品。

4.2.7　基于阈上知觉的实验结果

本实验结果如上节手绘草图与时间分段图所示,经对比分析,总结如下。

①受到阈上知觉潜意识暗示的被试普遍在设计过程中花费了较多时间,整个思维的分段更细致与丰富。

②受到阈上知觉潜意识暗示的被试在设计过程中出现的顿悟比空白组的多,且在手绘草图中,条件组的草图均一定程度上体现了潜意识暗示的元素。

③顿悟的两种类型为阈上知觉潜意识暗示引发的顿悟与先前事件引发的顿悟,在本实验中未比较两种顿悟出现数量的多少,但可直观发现,潜意识暗示可引发顿悟,并对设计产生影响。

④先前事件引发的顿悟与潜意识暗示引发的顿悟在设计过程阶段区分不明显,缘何所致,值得进一步探究。

⑤由回溯性访谈可得,条件组与空白组的草图结果受先前影响十分明显。

4.3　阈下知觉的潜意识暗示对手绘过程中顿悟的影响

4.3.1　基于阈下知觉的实验目的与方法

(1)实验目的

本次实验的目的是验证上节提出的假说之二——阈下知觉的潜意识暗示对手绘过程中顿悟的产生有影响。同样地,研究者主要通过顿悟的产生、草图复杂度、被试的回溯性访谈,来验证阈下知觉的潜意识暗示是否对手绘过程中顿悟的产生有影响。

(2)实验方法

本实验主要采用控制变量法,且同样选择了造型这个维度作为变量。

实验以工业设计中造型维度潜意识暗示为变量控制,给予被试相同的设计任务,被试将用手绘表现自己的想法,整个过程会被全程记录。要求被试在完成手绘后对照自己的视频描述当时的想法,该叙述将通过音频的方式记录。通过对照记录视频、音频及最后设计方案的分析,来确定不同潜意识暗示对设计过程及方案的影响,验证潜意识暗示是否对设计过程中顿悟的出现有影响。但不同的是,潜意识暗示的给予方式发生了变化。

阈下知觉的启动实验在心理学领域需要启动刺激与目标刺激共同作用,最终会出现靶刺激,将启动实验转换到设计领域来看,每个刺激都指引着设计师完成最终方案。研究者参照先前学者的研究,选取刺激之间的相邻刺激时间间隔为 300ms,每张图片的显示时间为 50ms[29]。

(3)实验所用的工具及材料

实验所用的工具及材料与第 4.2.1 节相关要求相同。

4.3.2　基于阈下知觉的实验内容

本实验选择了 9 名来自浙江某高校工业设计系的大三学生,他们同样来自同一个班级,有着相同的课程积累和教育背景,且未参与阈上知觉潜意识暗示实验。

实验环境、摄录设备等注意事项与第 4.2.2 节相关要求相同。

进行阈下知觉潜意识暗示的造型设计实验时,9 位被试随机抽签,分成 3 组,每组分别独立进行实验。A 组同学受到 A 类潜意识暗示,B 组同学受到 B 类潜意识暗示,而 C 组同学受到条件控制,在设计任务前,不接受暗示。实验所选的潜意识暗示是造型的柔和与工业感。

在开始介绍设计任务前,主试提供给 A 组共 60 张经模糊处理(高斯模糊 10 像素)的风格较棱角锋利的图片(类似于图 4.27)。每张图片从出现到消失持续 50ms,每张图片之间的相邻刺激时间间隔控制在 300ms。

主试提供给 B 组 60 张经模糊处理(高斯模糊 10 像素)的风格较圆润柔和的图片(类似于图 4.28)。每张图片从出现到消失持续 50ms,每张图片之间的相邻刺激时间间隔控制在 300ms。时间间隔采用心理学实验中较为常用的指标。

图 4.27　模糊处理后棱角风格图片　　　图 4.28　模糊处理后圆润风格图片

对 C 组同学不提供任何图片观看及潜意识暗示。

在给予设计任务之前,主试先告知被试,在接到设计任务后需进行构思,构思无时间限制,完成后可向负责录像的实验人员示意,在完成后需对照自己的视频,描述彼时思路过程。

设计任务同样为一款照明装置的设计,选择照明装置是因为照明装置这个题材本身在被试的生活经验上均较为丰富,能较好规避题材对被试在实验中的影响。且根据先前研究一实验的反馈,以照明装置为设计任务的实验效果较为理想。

4.3.3　基于阈下知觉的数据筛选与处理方法

实验结束后共获得 9 组实验结果。我们同样对每组数据进行时间可视化处理与分析,确定了顿悟发生、草图方案与潜意识暗示之间的关联性,并通过分析草图复杂度、视频完整度判断实验结果是否有效。若无效,需总结无效的原因。

而在数据处理方法方面,依然需绘制出每位被试的时间分段图,而顿悟的确定也依照前述顿悟特点、"啊哈"效应、回溯性访谈等方法。

4.3.4　基于阈下知觉的数据结果与分析

A 组为模糊处理后造型风格较圆润柔和的图片。

A1 被试的手绘图如图 4.29 所示,时间分段图如图 4.30 所示。

图 4.29　A1 手绘图

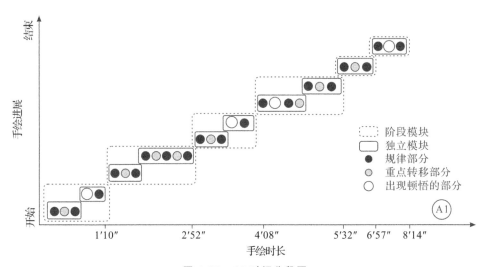

图 4.30　A1 时间分段图

A1 的手绘过程共有六个阶段模块,每个阶段区分较清晰,从最初的构思发散到可拆解设计。构思阶段是潜意识的潜伏期,在这个阶段出现了一个顿悟点。在之后的思维描述过程中,A1 被试描述了当时思考的过程。他构思的是一款两用的落地灯,所以先画了一个落地灯,之后想让灯看起来更居家,因此,选取柔和的不规则镂空曲线,对灯的主体进行完善。后进行方案细化,可以把上部取下,放在桌面上,当台灯。在细化过程中,出现了两个顿悟点,分别出现在落地灯的拆解方式和放置在桌上的过程中。在最后的回溯性访谈中,A1指出这种结构来自之前看过的一款产品。

A2被试的手绘图如图4.31所示,时间分段图如图4.32所示。

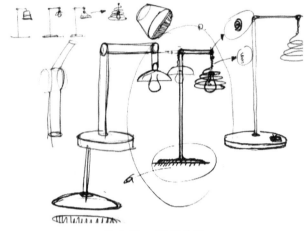

图 4.31　A2 手绘图

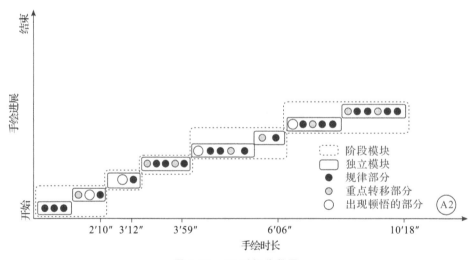

图 4.32　A2 时间分段图

A2的手绘过程共有五个阶段模块,他的整体思路较明确,从最初构思的三种风格发散到以铁丝的回绕为灯罩,再以原先的构想和发散出的铁丝为基础,进行深化。构思阶段发散到铁丝出现了顿悟点。在之后的回溯性访谈过程中,A2 被试指出,他的大致设计思路是古典风格的灯,之后由古典发散到以铁丝回绕为灯罩。之后以复古灯为切入点,对灯的主体结构进行细化,而主体结构来源于市场上常见的折叠灯,因此,在第四阶段模块的顿悟不是受潜意识暗示影响的。在完善复古灯后,觉得还是铁丝回绕为灯罩更好,后进行方案完善,并确定最终方案。

A3 被试的手绘图如图 4.33 所示,时间分段图如图 4.34 所示。

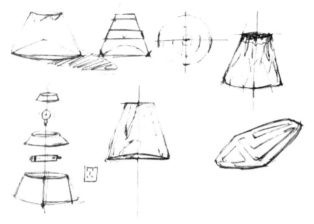

图 4.33　A3 手绘图

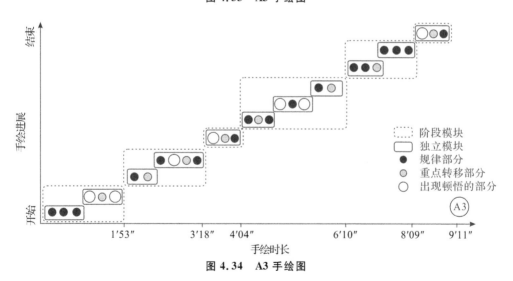

图 4.34　A3 手绘图

A3 的手绘过程共有六个阶段模块,整体思路较为简单,从最初构思的圆台思路发散,设计出类似火山的灯,后对"火山灯"进行深化。构思阶段发散到铁丝出现了两个顿悟点,表现为圆台向火山造型的转变。在之后回溯访谈的过程中,A3 被试指出,圆台造型是随手画的,这个顿悟点可视为与本实验的暗示有关。圆台造型向火山造型的转换是为了设计一款具现代感的灯,这个顿悟点与本实验暗示无关。被试后续对灯的摆放位置及主体结构的深化,是由其日常累积所致,因此,在后阶段模块的顿悟也与本实验暗示无关。

B 组为模糊处理后造型风格较棱角分明的图片。

B1 被试的手绘图如图 4.35 所示,时间分段图如图 4.36 所示。

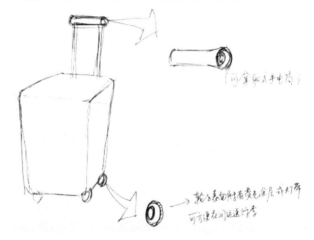

图 4.35 B1 手绘图

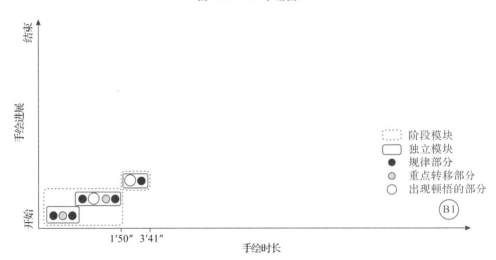

图 4.36 B1 时间分段图

B1 的手绘过程共有两个阶段模块,整体思路简单,最初以箱包为切入点,进行细化。被试在拉手处与滚轮处设置照明功能点,与本实验暗示无关。

B2 被试的手绘图如图 4.37 所示,时间分段图如图 4.38 所示。

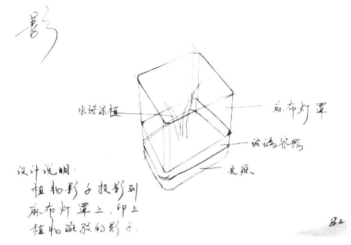

图 4.37　B2 手绘图

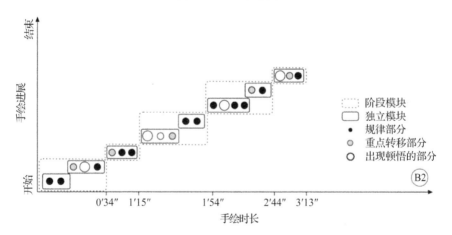

图 4.38　B2 时间分段图

B2 的手绘过程共有五个阶段模块,整体思路简单,以立方体为切入点,进行细化。在构思阶段,以立方体切入出现的顿悟点与本实验暗示相关。后在光源细化、材质细化及文字标注上出现的顿悟,源于被试先前学习与生活的积累,以及对产品本身的考量,与本实验暗示无关。

B3 被试的手绘图如图 4.39 所示,时间分段图如图 4.40 所示。

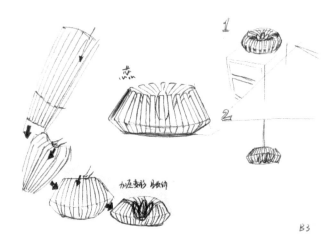

图 4.39 B3 手绘图

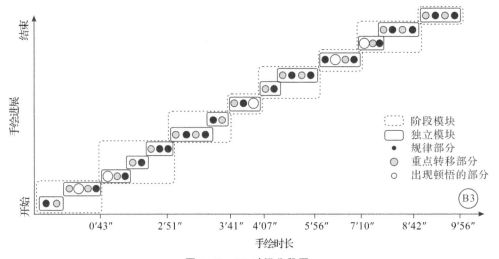

图 4.40 B3 时间分段图

B3 的手绘过程共有八个阶段模块,整体思路完整,从最初构思的片状结构发散,设计了片状承载的灯,方案逐步深化。片状设计的构思阶段的顿悟与本实验暗示有关。根据 B3 被试的描述,后续细化与完善阶段的顿悟,一方面是对加工工艺的考量,另一方面是各因素共同作用,这也可视为与本实验暗示有关。而在后续的完善中出现的顿悟,与本实验暗示相关性较弱。

C 组为不提供任何图片观看及潜意识暗示的空白对照组。

C1 被试的手绘图如图 4.41 所示,时间分段图如图 4.42 所示。

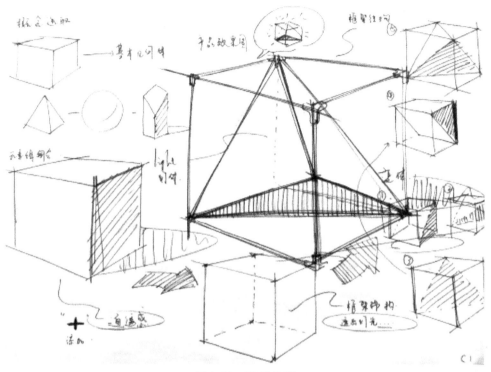

图 4.41　C1 手绘图

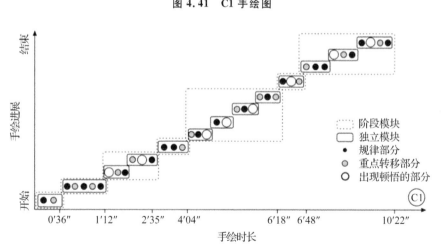

图 4.42　C1 时间分段图

　　C1 的手绘过程共有七个阶段模块,整体思路完整,从最初基础形体发散(包括正方体、锥体、柱体等),最终以正方体为深化目标,逐步深化方案。在回溯性

133

访谈中,C1 提到其先寻找基本造型,一般选择较简单的几何体,再由几何体进行变形;从造型思考到结构,最终做造型的推演。C1 指出这是自己做设计时培养的习惯,即按照步骤一步步展开。由于 C 组没有接受潜意识暗示,所以在设计过程中产生的顿悟均源于被试所学和经历。

C2 被试的手绘如图 4.43 所示,时间分段图如图 4.44 所示。

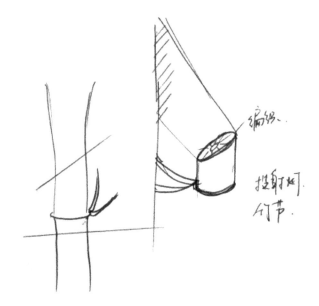

图 4.43 C2 手绘图

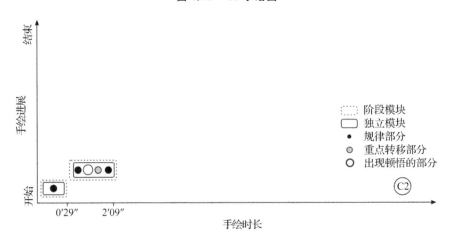

图 4.44 C2 时间分段图

　　C2 的手绘过程共有两个阶段模块,整体思路简单,灵感源自竹子,原生态地保留竹节结构,竹节部分会生出两个竹细枝。这样的想法是因为靠近竹节的位置是很粗壮的,可以把两个竹细枝作为支撑点,固定在墙上。将竹节斜切后,会形成一个斜切面,可用竹编作为灯罩,组成氛围灯。这款灯的设计构思源于之前已有过的类似设想。

　　C3 被试的手绘图如图 4.45 所示,时间分段图如图 4.46 所示。

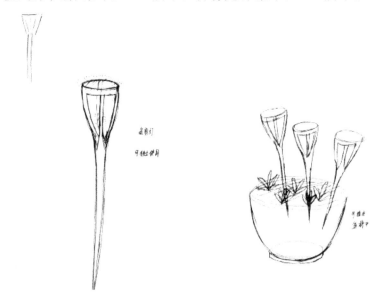

图 4.45　C3 手绘图

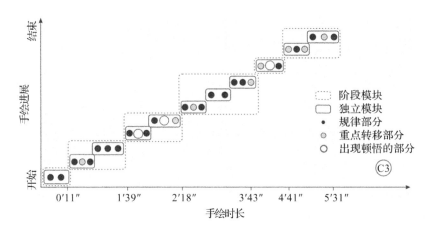

图 4.46　C3 时间分段图

C3 的手绘过程共有六个阶段模块,整体思路较为简单,以常见的路灯为出发点,希望通过设计将路灯转化为家用的形态。被试联想到水中莲花及植物的造型,将路灯与莲花相结合,设计出了家庭用灯。

4.3.5　基于阈下知觉的实验结果

本实验结果如上述手绘图与时间分段图所示,经对比分析,总结如下。

①受到阈下知觉潜意识暗示的被试在设计过程中花费的时间存在个体差异,但大部分呈增多趋势,整个思维的分段更为细致和丰富。

②与空白组相比,受到阈下知觉潜意识暗示的被试在设计过程中出现的顿悟,大部分也呈增多趋势,且在手绘图中,条件组的手绘图均在一定程度上体现了潜意识暗示的元素。

③在本实验中,条件组出现的顿悟类型为阈下知觉潜意识暗示引发的顿悟,以及与先前知识相关的顿悟(其中,有一名被试未出现与阈下知觉潜意识暗示相关的顿悟)。

④两种顿悟作用于手绘过程中的阶段,有待进一步探讨。

⑤从回溯性访谈中,可明确条件组和空白组的手绘图结果受到了先前知识的影响。

4.3.6　阈上与阈下实验结果分析

本章采用了"图片潜意识刺激—给予设计任务"的实验范式,旨在探讨图片类潜意识暗示对手绘过程中顿悟的产生是否有影响。我们通过对手绘过程的回溯性访谈,得出时间分段图,再结合手绘草图与时间分段图,进行粗浅的讨论与解读。

(1)阈上与阈下实验结果比较

由于研究对象均为产品设计过程中的手绘过程,因此我们对阈上与阈下这两组实验的结果进行比较,旨在得出阈上知觉潜意识暗示与阈下知觉潜意识暗示对手绘过程顿悟产生影响之异同。实验结果对比如下。

①设计过程中花费的时间和思维分段。阈上实验中,条件组普遍花费时间较多,且思维分段及手绘图复杂度表现更为丰富细致;而在阈下实验中,条件组大多被试在设计过程中花费的时间较多,且存在明显的个体差异,部分被试花的时间、思维分段及手绘图复杂度甚至弱于空白组。

②设计过程中出现的顿悟。阈上实验中,条件组出现的顿悟普遍比空白组

多;而在阈下实验中,条件组只呈现了比空白组多的趋势,并未普遍表现于手绘图中。

③设计过程中出现的与潜意识相关的顿悟。阈上实验中条件组均出现了与潜意识暗示相关的顿悟;而阈下实验中,条件组均未出现与潜意识相关的顿悟,具体原因需进一步探讨。

④草图结果。阈上与阈下实验中,条件组与空白组的手绘图结果均受到先前知识的影响。

⑤在阈上与阈下实验中,顿悟不会固定出现在手绘过程的某个阶段。

综合实验结果,可明确阈上知觉潜意识暗示对手绘过程中顿悟有影响,且在条件组被试中出现了具有普遍性的较优解;而在阈下知觉潜意识暗示实验中,并没有出现普遍的结果。本节将从创新性思维过程与认知心理的角度论述该结果。

(2)阈上知觉实验结果的讨论

在阈上知觉实验中,被试直观浏览了图片,阈上知觉直接意识到了图片的存在,并清楚地识别出图片的内容,而实验设计通过设问将造型风格这个因素隐藏于与造型风格无关的问题之后,这符合 De Vaul 等[26]提出的潜意识暗示隐藏于其他刺激"面具"之后的定义。

在阈上知觉实验的条件组中,与潜意识暗示相关的顿悟均出现于设计展开中的构思阶段,这个阶段主要对应四阶模型中的孕育期,与孕育期主要受到潜意识影响的心理学理论相符。四阶模型中的证实期会对明朗期产生的新想法和思路进行逻辑检验,以明确新想法与思路的可行性。若可行性不足,则认知主体会全部或部分回转至上一阶段。此外,设计过程是创造性思维过程的反复与完善,因此,与潜意识相关的顿悟及与先前知识相关的顿悟才会不固定地出现在手绘过程的各阶段中,这些顿悟的出现取决于个体差异。

由于构思阶段潜意识起主导作用,故可通过潜意识暗示促进构思阶段顿悟的产生。而构思阶段中顿悟的多发,可促进构思阶段想法的产生,进而在完善期和证实期会有更多发散和验证的可行性,最终形成草图的丰富程度。设计展开中的构思阶段是手绘图过程中的基础,若能合理触发构思阶段的顿悟,对思路的拓展和最后方案的可选择性均有较大意义。

(3)阈下知觉实验结果的讨论

在阈下知觉实验中,让被试观看经模糊处理且转瞬即逝的图片,旨在使其阈上知觉无法意识到图片中具体的产品,从而探讨阈下知觉的潜意识暗示是否对手绘过程中的顿悟有影响。将图片显示时间与相邻刺激时间间隔控制在心理学客观阈限以下。

在本次阈下知觉潜意识实验中，条件组大部分被试在设计过程中花费的时间更多，但并不普遍出现，因此，本章研究是从阈下知觉的定义、阈下知觉的效应及个体差异进行探究。

阈下知觉的定义中，阈限存在客观阈限和主观阈限，本实验中的条件控制采用心理学中常用的客观阈限值，对主观阈限并没有相应的实验设计进行控制。实验中出现的结果，或由于实验的客观阈限值尚未达到设计研究领域的普遍客观阈限值，因而部分被试未接收到阈下知觉的潜意识暗示；还可能由于客观阈限值设置过高，使阈下知觉潜意识暗示失效，不能被普遍接受的其他类型刺激。

在广告领域及经济领域中，相关研究以"阈下说服"理论居多。"阈下说服"指的是通过阈下刺激影响认知个体的行为。有研究表明，若阈下刺激与认知个体行为存在联系，则可通过阈下刺激条件匹配反应理论[30]，再对认知个体造成启动效应，促进认知个体行为的发生[31]。该理论对于设计领域的研究同样适用。本实验中给予的阈下刺激是模糊和短暂的造型风格，而与之存在联系的认知个体行为是设计展开与完善的过程，虽给予同一组被试相同暗示，但这些阈下刺激与认知个体行为存在的联系可能不同。从另一个角度而言，不同被试之间存在个体差异，这会导致被试对阈下刺激的接受程度与刺激转化类别不同，最终导致实验结果呈现出不普遍性。

产品设计过程可被看作是创造性思维演化的结果，创造性思维的推进与顿悟息息相关。我们提出假说——阈上知觉潜意识暗示与阈下知觉潜意识暗示对产品设计的手绘过程中顿悟的产生均有影响，并分别设计阈上潜意识暗示与阈下潜意识暗示实验，进行探索与验证。

（4）本研究的主要研究成果

①对设计领域上的顿悟进行了研究与探索，虽切入点较为单一，且研究程度较浅，但弥补了研究现状中顿悟在设计研究领域的空白。

②顿悟的发生确可推进设计过程的有效进行。阈上潜意识暗示对手绘过程中的顿悟产生有影响，但阈下潜意识暗示的影响效果有待进一步研究。手绘过程中还有一部分的顿悟来自设计师的生活阅历与学习经历，设计师需注重日常积累。手绘过程中良好的设计流程与规范是顿悟发生的必要条件。

参考文献

[1] Torrance E P. Rewarding Creative Behavior[M]. Englewood Cliffs, N J: Prentice Hall Co. 1965:239-248.

[2] Smith S M, Linsey J S, Kerne A. Using evolved analogies to overcome creative design fixation[J]. Design Creativity,2010,1:35-39.

[3] Metcalfe J, Wiebe D. Intuition in insight and noninsight problem solving[J]. Memory & Cognition,1987,15(3):238-246.

[4] Ohlsson S. Information processing explanations of insight and related phenomena//Gilhooley K J. Advances in the Psychology of Thinking[C]. London: Harvester Wheat Sheaf,1992:1-44.

[5] Knoblich G, Ohlsson S, Raney G E. An eye movement study of insight problem solving[J]. Memory and Cognition,2001(29):1000-1009.

[6] 夏盛品. 法无定法论顿悟:设计创意中的思维图片[J]. 艺术教育,2005(5):20-21.

[7] 邢强. 顿悟:心理学的解释、困境与出路[J]. 宁波大学学报(教育科学版). 2008,30(6):43-47.

[8] Wallace G. The Art of Thought[M]. NewYork: Solis Press,1926:48-55.

[9] 刘奎林. 灵感发生新探[J]. 中国社会科学,1986(4):157-168.

[10] Werthermer M. Productive Thinking[M]. London: Tavistock,1961:11-28.

[11] Guiford S, Dehaene S. Levels of processing during non-conscious perception: A critical review of visual masking[J]. Philosophical Transactions of The Royal Society B Biological Sciences,2007,362(1481):857-875.

[12] Gan S, Sternberg M. Ananalysis of problem framing in multiple settings[J]. Design Computing and Cognition,2004(4):117-134.

[13] 卞华,罗伟涛. 创造性思维的原理与方法[M]. 北京:国防科技大学出版社,2001:3,18-22.

[14] 王艳,杨雄勇. 产品设计中的思维习性[J]. 装饰,2003(5):28.

[15] 闫卫. 工业产品造型设计与实例[M]. 北京:机械工业出版社,2003:1.

[16] 何克抗. 创造性思维理论:DC 模型的建构与论证[M]. 北京:北京师范大学出版社,2000:42-48.

[17] 邱江. 有关顿悟问题解决认知机制的实验研究[D]. 重庆:西南大学,2004.

[18] 霍鹏飞. 阈下知觉的加工水平及其发生条件——基于视觉掩蔽启动范式的实验研究[D]. 上海:上海师范大学,2011.

[19] Holender D. Semantic activation without conscious identification in dichotic listening, parafoveal vision, and visual masking: A survey and appraisal[J]. Behavioral and Brain Sciences,1986,9(1):1-66.

[20] 杨芳,廖东升,张晶轩. 阈下知觉及其应用初探[J]. 国防科技,2013,34(4):10-14.

[21] 张庆林,邱江. 顿悟与源事件启发信息的激活[J]. 心理科学,2005,28(1):6-9.

[22] 吴真真. 顿悟过程的原型启发机制[D]. 重庆:西南大学,2010.

[23] Ousters R, Aarts H. The unconscious will: How the pursuit of goals operates outside of conscious awareness[J]. Science,2010(329):47-50.

［24］ Dijksterhuis A，Aarts H，Smith P K. The power of the subliminal：on subliminal persuasion and other potential applications［J］. The New Unconscious，2005：77.

［25］ Rodgers P A，Green G，McGown A. Visible ideas：Information patterns of conceptual sketch activity［J］. Design Studies，1998，19(4)：431-453.

［26］ De Vaul R W，Pentland A，Corey V R. The memory glasses：Subliminal vs. over memory support with imperfect information［J］. Computer Society，2003：146.

［27］ Suwa M，Tversky B. What do architects and students perceive in their design sketches? A protocol analysis［J］. Design Studies，1997，18(4)：385-403.

［28］ 罗劲,张秀玲. 从困境到超越：顿悟的脑机制研究［J］. 心理科学进展,2006,14(4):484-489.

［29］ 刘爱伦,水仁德. 思维心理学［M］. 上海：上海教育出版社,2002:267-276.

［30］ 周仁来,杨莹. 阈上与阈下知觉启动之间的差异：来自 Stroop 效应的证据［J］. 心理科学,2004,27(3):567-570.

［31］ 李亚丹,马文娟,罗俊龙,等. 竞争与情绪对顿悟的原型启发效应的影响［J］. 心理学报,2012,44(1):1-13.

第5章 基于视线追踪和图像分析的 金丝楠木材料认知方法及应用

　　金丝楠木花纹容易产生金丝闪烁的视觉效果,其特殊外观极大地影响了各种木制品和工艺品的美学价值。本章选取金丝楠木为研究对象,前期通过图像捕捉设备,模拟真实光照条件的场景,采集并整理归纳了大量金丝楠木样本图片(包括真实木纹和木纹纸),通过图像处理软件将图片制作成视频,进而进行眼动实验和主观评价实验。后期对花纹图像进行分形维数分析和多分辨率对比分析,得到花纹图像的客观物理数据,最后结合眼动数据及主观评价数据进行分析。

　　本章的研究目的是探索金丝楠木花纹的光反射特性与视觉吸引力之间的关系,其中包括研究被试如何看待金丝楠木表面光泽的移动(即视觉吸引程度),以及测量其主观印象(即视觉心理量)。通过比较,得到图像特征量和视觉心理量之间的对应关系。研究框架如图5.1所示。

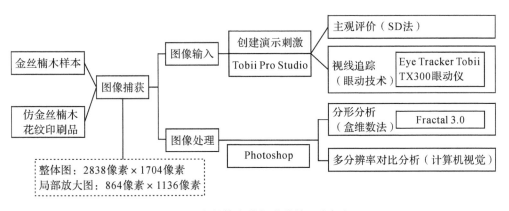

图5.1　金丝楠木的视觉特性研究框架

5.1　木材材料认知概述

　　木材是我们生活中熟悉的材料,以其高功能性和易设计性优势广泛用于建筑和家具。木纹、木材色等木材特有的外观特征可以影响看者的心理和生理反应[1]。木材花纹的形成是木材颜色、色泽、肌理和纹理等因素的综合效应[2-3]。数世纪以来,富有花纹的木材因其美观和价值而受到重视[4]。Nakamura 等通过实验发现一些木材的光泽在某个特定范围内具有某种特性[5-6]。山田正等认为人类的感觉与木质环境的化学、物理特性存在着一定的关联性[7-9]。

　　在木材的视觉感知领域研究中,一些研究运用的是偏主观的方法。杨济玮通过文献研究法、市场调研法、案例研究法和对比研究法,系统地研究了装饰薄木在室内空间中的视觉艺术性[10]。苗艳凤应用感性工学的理论,从视觉物理量和视觉心理量的角度出发,对人工模拟、实木以及图像制版的山峰状纹理做了探讨[11]。查欢欢以人工模拟椅子径向纹样的方式,研究了径向木纹应用在椅子上所展现的视觉特性规律[12]。车文基于意味微分法对木材表面视觉物理量、室内木质视环境的组成因子进行了心理评价[13]。

　　随着木材表面的客观信息提取的需要,眼动、脑电等方法也越来越多地被使用。张寒凝运用眼动仪的实验方法,通过记录现代家具色彩样本的数据来分析现代家具色彩的视觉观感,对现代家具中色彩的生理反应进行了探讨[14]。宋莎莎运用模糊综合评价法、感性语意微分法、分形盒维数法和事件相关电位等方法对我国东北地区多种商品材树种微观细胞及宏观结构进行了细化研究,并进行了分形图案的设计应用[15]。李静在前人以图像为分析单位进行心理描述的基础上,综合运用自由访谈法、眼动仪实验法和问卷调查法,对木构建筑受众接受度与表皮木材覆盖率的关系进行了定性与定量的探究[16]。何拓通过测量 20 种红木的视觉物理量,分析了视觉物理量和视觉心理量之间的联系,再通过眼动实验提取出木材显微构造美学元素,并根据图案设计方法进行木材美学图案的创作设计[17]。

5.2　材料认知方法

5.2.1　视线追踪

　　视线追踪技术是通过捕捉和记录眼球运动轨迹,提取眼球注视时间、注视区域、注视轨迹和注视点等数据,以此对人的认知过程进行研究分析的一项技术。常见的眼动追踪仪器主要基于眼动追踪技术,它有三种形式:注视、扫视和平滑的尾迹跟踪[18]。眼动仪实验项目如图 5.2 所示。

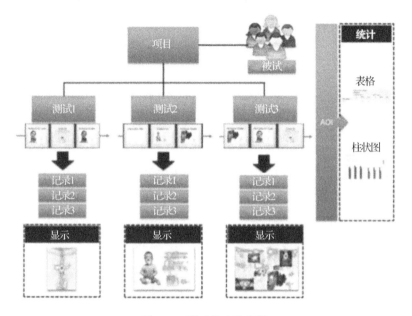

图 5.2　眼动仪实验项目

5.2.2　主观意象评价

　　主观评价意象尺度法主要借助实验、统计、计算等科学方法,通过对人们评价某一事物的层次心理量的测量、计算、分析,降低人们对某一事物的认知维度,得到意象尺度图,比较其分布规律。它由美国心理学家奥斯古德于 1942 年创建,用于研究被试心理意象[19]。

　　语意差异法通常要求被试在一些意义对立的量尺上,对事物或概念进行评估。在评估的结果中,事物或概念具有的意义及其"分量"得以真实反映。语意差异法由被评价的事物或概念、量尺、被试三方要素组成。量尺的总数在 $10 \sim 30$ 个较合适。而评价的等级选用点数必须是奇数,一般较常用的是 5 点和 7 点。第三个要素是被试,即"样本",样本数量最少为 20 个才能得到较稳定的资料。

5.2.3 图像分析

图像分析的方法包括分形维数分析、多分辨率对比分析等。

分形几何学的数学量度就是分形几何体的维数[19]。分形维数是定量描述分形所具有的自相似性的最主要的参数,简称分维[20],可以有效地度量和估算物体的复杂性和不规则性。

多分辨率对比分析(multiresolutional contrast analysis,MRCA)是一种定量测量物体表面光泽度的方法,最早由 Nakamura 等提出,常用于计算图像的内部特征[21]。

5.3　金丝楠木木材纹理认知实验

5.3.1　木材纹理认知的实验材料

本实验材料由江苏杨氏木业贸易有限公司提供,包含 5 份珍贵金丝楠木样本(图 5.3),样本统一加工为 80mm×200mm×15mm 尺寸的长方体,表面皆加工平整,并已放置逾 6 个月,颜色稳定。同时,我们也购买了市场上现有的仿金丝楠木花纹的印刷木纹纸,用于后期实木样本局部花纹的对比研究。

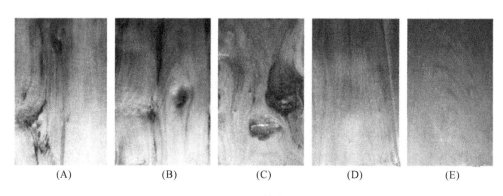

| (A) | (B) | (C) | (D) | (E) |

图 5.3　金丝楠木样品

我们同时在 5 份实验样品上根据花纹的复杂程度划分研究区域,并进行分类研究,部分图像如图 5.4 所示。

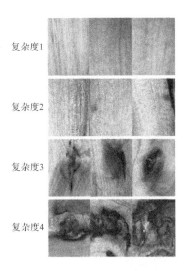

图 5.4　金丝楠木样品分类

5.3.2　木材纹理认知的实验用品与仪器

（1）图像捕获设备

我们参照 Nakamura 等的方法[22]，只改变照明方位角，以便捕捉出现在金丝楠木上的光泽度变化，组装了如图 5.5 所示的拍摄装置，并对收集的样品进行拍摄。其中相机使用的是高清晰度的数码相机（尼康 D60），照明装置为直管型荧光灯（Eagle）。

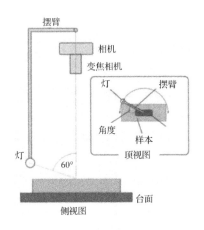

图 5.5　图像捕获设备

（2）眼球运动捕捉设备

本实验采用 Eye Tracker Tobii TX300 眼动仪，用非接触式方式记录观察金丝楠木的被试注视时眼球的运动情况。被试的呈现刺激显示在连接到眼动仪和控制计算机的 24 英寸高清显示器上。该显示器上装有用于高精度捕捉被验者眼睛和脸部的多个检测器，它能够在被试定者来到显示器前进行视线追踪。通过调节座椅高度及距离，使得观察距离（约 550mm）和眼睛高度（画面中央）固定，同时指示被试自由地观察显示器上显示的动画。实验装置如图 5.6 所示。

图 5.6　眼动仪及实验姿势

5.3.3　木材纹理认知的实验流程

向被试展示出现在金丝楠木上的光泽运动有两种方式：一种是在现场展示不同光照条件下金丝楠木的光泽变化，另一种是让被试观看模拟金丝楠木光泽运动的视频。在前一种方法中，预期展示条件和观察条件的稳定性会很困难，同时被试的视觉吸引力难以把控，故我们使用后一种观看模拟金丝楠木光泽运动视频的方法。

（1）步骤一：图像采集

采用上述的图像捕获设备（图 5.5）进行实验，通过改变照明方位角捕捉出现在木材表面花纹上的光泽运动。将高清晰度的数码相机固定在木材样本的正上方，将照明装置安装在围绕照相机光轴水平旋转的旋转臂上，使其可以在改变方位角的同时进行拍摄，而不必改变木材样本的位置，也不必改变照明的入射角度。将入射角设置为 60°，并从最低位置照亮金丝楠木样品。

在 0°～180°的范围内（金丝楠木的纵向为 0°），方位角每改变 10°进行一次拍摄。为了了解金丝楠木的特征性形状，我们拍摄了整体图以及事先选取好的局部放大图,同时在与放大图像的情况相同的条件下拍摄了木纹纸的图像。拍摄的图像经过筛选,剔除了一些不理想的图片,后经裁剪处理,一共得到 589 幅金丝楠木花纹图像,共 31 个类别。其中整体图的拍摄范围为 2838 像素×1704 像素,放大图像的拍摄范围为 864 像素×1136 像素。部分拍摄图像如图 5.7所示。

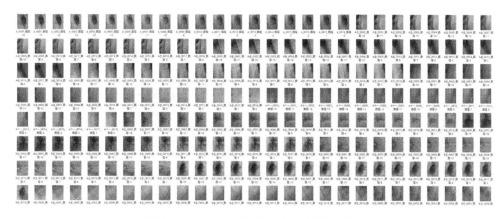

图 5.7　金丝楠木在不同光照条件下的形态

在数码相机的捕获下,获得了同一花纹在不同光照条件下的多组图像(每组 19 幅),其照明方位角相差 10°,用于整个图像和放大图像。再将其按照照明方位角变化顺序排列(0°,10°,…,170°,180°,170°,…,10°,0°),并使用视频制作软件(Adobe Premiere Pro CS6)制作了一个表示在照明三个来回时的光照移动的高清视频。由于每个角度的显示时间为 0.2 秒,所以 1 个视频的长度约为22.2 秒。我们通过这种方法制作了一系列金丝楠木光泽运动的视频,用于后面的眼动实验和主观评价实验。

(2)步骤二:意象词的选择

感性意象词语是人们对物质所反映出的感性意象的直观描述。在受到外界刺激时,人们的情感往往呈现出两极性。为了弄清楚金丝楠木花纹光泽的心理感觉特性,我们收集整理了大量有关木质材料评价的形容词语。

首先,我们查阅了木材科学、心理学和设计学等相关的文献、书籍以及电商网站,通过问卷访谈等形式,收集整理了 80 对感性意象词语。随后,找了 5 名木材科学背景的人员,在对本章研究的目的及内容了解后对感性词语进行初步筛选,排除了重复语义的形容词对,最终剩下 60 对词语。再通过调查问卷对感性形容词对进行进一步筛选,要求被试从给出的 60 对感性词语勾选出符合金丝楠木纹理的感性意象词语 40 对,最终得到有效问卷 46 份,再对勾选的次数进行票数统计,最终得到 40 对感性意象词语,如表 5.1 所示。

表 5.1　木材图案的感性意象语意微分双极形容词对筛选统计

序号	感性意象语意微分双极形容词对	序号	感性意象语意微分双极形容词对
1	细腻—粗犷	21	纤细—粗重
2	光滑—粗糙	22	清爽—污浊
3	柔和—强烈	23	轻巧—笨重
4	规则—凌乱	24	和谐—杂乱
5	自然—人工	25	连续—断裂
6	圆润—锋利	26	协调—突兀
7	精致—粗劣	27	对称—均衡
8	舒适—不适	28	交错—平直
9	流畅—阻滞	29	平坝—凹凸
10	丰富—单一	30	紧凑—松散
11	优美—丑陋	31	华丽—朴素
12	静态—动态	32	清晰—模糊
13	变幻—规则	33	时尚—古典
14	实用—装饰	34	喜欢—厌恶
15	柔软—坚破	35	歪斜—正直
16	温暖—凉爽	36	沉稳—急躁
17	简约—复杂	37	独特—一般
18	高雅—纯朴	38	丰盈—枯竭
19	流线—几何	39	通直—弯曲
20	整洁—杂乱	40	随意—刻意

第二次调查为感性语意词语的继续筛选。为了方便后期的实验数据采集,采用用户访谈法及专业人员访谈,筛选提炼出得分排名前 6 的形容词对,即"丰富—单一""华丽—朴素""静态—动态""柔和—强烈""喜欢—厌恶"和"自然—人工"。

(3)步骤三:眼动实验

本实验是在平均气温 20.4℃,平均湿度 40.9%,外部光源被切断了的室内进行。在观察金丝楠木花纹运动图像时,关闭天花板灯,使其成为暗室。被试为平均年龄 24 岁,平均视力 1.0 的学生 22 名(男性 8 名,女性 14 名)。根据眼动追踪装置的规格要求,被试仅限于裸眼或软性隐形眼镜佩戴者。首先,需向被实验者说明实验的概要、装置的安全性等,并请每个人签署参加实验的同意书,实验时间约为每人 50 分钟。实验环境如图 5.8 所示。

图 5.8　实验环境

我们通过视线追踪装置来捕捉观察者如何观看金丝楠木上出现的光泽运动。为了减轻观察运动图像的对象负担,并且有助于对所获得观察数据的分析处理,实验使用附接到视线追踪装置的软件(Tobii Studio)创建的运动图像连续显示。在局部放大图像中(包括木纹纸在内)共有 25 个视频,整体图像共有 6 个视频,在视频和视频之间使用含有黑色十字符号的图像分开,逐个插上 5 秒,作为对被试验者的呈现刺激。另外,由于软件的规格限制,不能将视频的出示顺序改为每一个被试,因此让全部被试按同样的顺序进行观察实验。实验流程如图 5.9 所示。

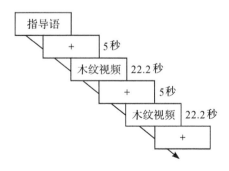

图 5.9　眼动实验进程

每个被试分别进行四组实验。第一组眼动实验的材料为 25 个用局部放大图制成的视频,目的是观察被试眼球的运动轨迹、注视区域及时间。第二组眼动实验的材料依然是用 25 个局部放大图制成的视频,但顺序排列与第一次不同,并要求被试每看完一段视频就进行问卷填写,目的是得出被试对不同光泽度的花纹的心理感受。第三、四组实验方法和第一、二组实验方法相同,只是眼动材料为 6 个整体图制成的视频。

5.4 木材纹理认知的实验结果与讨论

5.4.1 主观评价分析

通过语义差异量表调查问卷整理之后,统计计算出每位被试对金丝楠木图像样本的感性意象语意评价的平均值,实验结果如表 5.2 所示。经过筛选,选出具有"最丰富""最单一""最华丽""最朴素""最静态""最动态""最柔和""最强烈""最喜欢""最厌恶""最自然""最人工"这些主观意象评价词的木材样本。

表 5.2 整体图的主观评价

评价词	X_i(平均值)						P(显著性)
	E	B	WP	A	C	D	
丰富—单一	−0.27	1.41	1.77	0.77	1.77	−0.05	0.755***
华丽—朴素	0.50	0.18	−1.27	0.27	0.77	−0.09	0.742**
静态—动态	0.41	−0.55	1.50	−0.14	−0.73	−0.27	0.890***
柔和—强烈	0.91	−0.59	0.77	−0.45	−1.23	1.32	0.578*
喜欢—厌恶	1.00	0.05	−0.73	0	0.09	0.86	0.878**
自然—人工	0.36	1.64	−1.73	1.09	1.45	0.23	0.543***

注:*** $P<0.001$,** $P<0.01$,* $P<0.05$。

我们试图发现金丝楠木花纹中出现的金丝闪烁运动对其外观印象的影响,假设由闪烁运动引起的外观变化可以主观估计。对比图 5.10 中图像 C 和图像 D 发现,最华丽/最强烈的花纹比最朴素/最柔和的花纹具有更复杂的纹理,故纹理是影响主观评价的重要因素。

对比图 5.11 中图像 D 和图像 E 发现,虽然都是简单的纹理,但带给观者的感受却不同,表面除了纹理以外,还有其他因素影响木材花纹的视觉吸引力。

图 5.10　整体图 C 和整体图 D

注:图像 C 代表最丰富/最华丽/最动态/最强烈,图像 D 代表最朴素/最柔和

图 5.11　整体图 D 和整体图 E

注:图像 D 代表最朴素/最柔和,图像 E 代表最单一/最静态

　　另外,在对比木纹纸和真实木纹后发现,木纹纸的感受明显区别于真实花纹的感受,它给人以最单一、最朴素、最静态、最厌恶、最人工的主观感受,而真实花纹样本局部放大图像则给人带来最丰富、最华丽、最动态、最强烈、最自然的感受(图 5.12)。

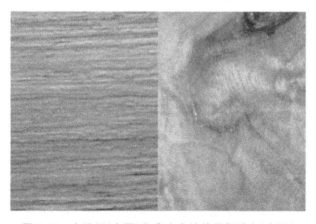

图 5.12　木纹纸(左图)和真实木纹的局部放大(右图)

5.4.2　眼动数据分析

视线追踪装置记录的是以 60Hz 的采样频率取得的视线位置(注视点)的坐标。对这个坐标数据在一定范围内是否保留了一定时间的视线进行过滤处理后,可以提取观察者注视点。本次实验在刺激呈现监视器(1920 像素×1200 像素)上,半径为 50 像素的圆形范围内进行,通过提取停留时间 0.1 秒以上的注视点来确定停留点,并计算停留位置的坐标和停留时间等。通过累积所有对象的固定点数据,绘制出视线保留在金丝楠木图片上的位置及时间,再使用专用分析软件(Tobii Studio)处理这些固定点信息。

图 5.13 比较了两类金丝楠木木材样本整体图像的注视点分布,这两类不同的花纹图像分别获得了"最丰富""最动态"和"最单一""最静态"的感觉特性评价。实验选择每 7 秒为一时间节点来观察照明过程中图像的注视点分布。图中的每张热图分别表示照明角度 0°～180°往复一次期间的注视点停留点分布。作为本次呈现刺激而制作的动画,由于材料照明角度的往复变化,热图重复呈现了 3 次,时间约 22 秒。

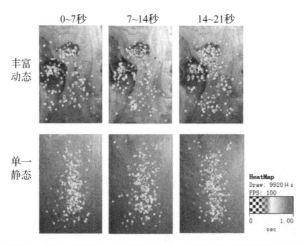

图 5.13　整体图中"最丰富""最动态"和"最单一""最静态"的图像注视点分布特征

在"最丰富""最动态"花纹图像中,注视点的分布广泛,深色所示的长时间静止部分在中心线的前 7 秒内出现,但此后它倾向分散在材料表面的各个部分中。而在"最单一""最静态"花纹图像中,深色所示的长时间静止部分在任何时间段沿着背板的中心线分布。这表明丰富的花纹形态的视觉吸引力更持久。

图像中存在清晰的波状纹理,说明对比度在保持吸引力方面起着重要作用,这是因为当物体的边缘反差分明时,大脑更容易检测界限,特别是对于彼此相邻的物体。

为了进一步分析花纹的视觉吸引力,我们对样品的花纹图像进行了局部放大,并与印刷木纹纸的放大图像进行对比。图 5.14 右图是从观察开始到 6 秒、9秒、12 秒后的 1 秒内花纹印刷木纹纸和真实木纹放大图像的注视点分布图。在木纹纸和真实木纹样品中,图像的纹理无论是横向(木纹纸)还是纵向(真实木纹)呈现,注视点都分布在材料条纹状的明暗边界部。但是,如果在经过一段时间后再比较两者,即使照明方位发生变化,木纹纸红色注视点的分布位置几乎没有变化;而与此相对的是,在真实木纹图像中,光照的移动使得条纹状的位置变化,注视点的分布也随之发生变化。这表明,金丝楠木的金丝光泽的移动是高度吸引人的木材的光反射特征。

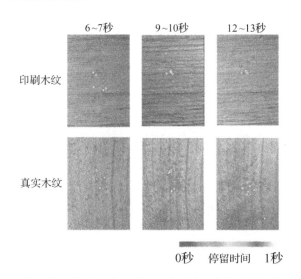

图 5.14　从观察开始到 6 秒、9 秒、12 秒后的 1 秒内的注视点分布情况

同时,由于光源入射角度的不同,轨迹图中呈现出的人们观察木材花纹的视觉轨迹也不同。对比金丝楠木花纹局部放大图像和眼动轨迹图可以发现,花纹对比度在保持吸引力方面起着重要作用,这进一步说明金丝楠木的金丝光泽的移动是高度吸引人的木材的光反射特征,如图 5.15所示。

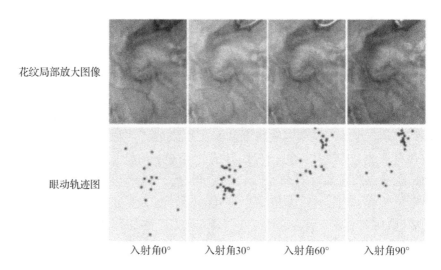

花纹局部放大图像

眼动轨迹图

入射角0°　　入射角30°　　入射角60°　　入射角90°

图 5.15　不同光线入射角下的图像观测轨迹

5.4.3　图像分形维数分析

本节使用的是微分计盒维数法[22]，通过 Fractal 3 分形软件对金丝楠木表面的纹理光泽进行分形维数计算。首先,使用灰阶扫描对图像进行灰度转化,并计算灰度图像的分维,其中可以利用最小均方误差线性拟合的方法计算分析维数 D。在实验中,盒子尺度的大小为 $2\sim512$,坐标中会有九个点与其相对应,金丝楠木纹理光泽的分形维数就是由这些盒维数点组成的拟合直线的斜率。

实验结果表明,在不同入射光角度下,金丝楠木花纹的整体图像和局部放大图的分形维数是不同的(表 5.4)。如图 5.16 所示,在金丝楠木花纹图像(局部放大图)样品 B、样本 C 和样本 D 中,当入射光为 $0°\sim20°$ 和 $160°\sim180°$ 时,分形维数较大。这进一步说明,入射光角度的变化即"光泽的移动"可以影响人观察花纹时的视觉感受。

此外,木纹纸(WP)虽然具有较高的分形维数,但在主观评价中获得了"最人工""最单一"的感受。这是由于木纹纸不具有天然木材的双反射特性和各向异性,故不能完全再现木材花纹的视觉感受。同时,对比花纹图像的分形维数和其主观评价,并未发现两者之间存在客观联系。

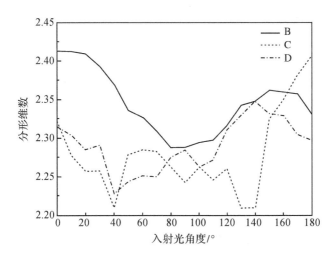

图 5.16　金丝楠木花纹图像(局部放大图)的分形维数分布

表 5.4　金丝楠木花纹图像(局部放大图)的分形维数分布

入射光角度	$0°$	$60°$	$120°$
W-A	2.2932	2.316	2.3759
W-B	2.4128	2.3261	2.3161
W-C	2.3224	2.2842	2.2601
W-D	2.3147	2.2511	2.3103
W-E	2.2552	2.3058	2.2678
W-F	2.3212	2.3311	2.2871
W-G	2.3391	2.3643	2.2763
W-H	2.3268	2.2544	2.2223
WP	2.4924	2.473	2.4298

5.4.4　多分辨率对比分析

该方法通过计算不同尺寸的平滑滤波,将原始图像转换成马赛克图像。

平滑过滤过程为

$$G_{\theta,k}(I,J) = \frac{1}{k^2}\sum_{p=1}^{k}\sum_{q=1}^{k}Y_{\theta}(i_k+p, j_k+q) \tag{5-1}$$

式中,k 是滤波器尺寸,$1 \leqslant k \leqslant m, n$;坐标$(I,J)$表示马赛克图像中 $G_{\theta,k}$ 的块位置,$1 \leqslant I \leqslant M = \dfrac{m}{k}, 1 \leqslant J \leqslant N = \dfrac{n}{k}$;坐标$(i_k+p, j_k+q)$表示分析图像中的像素位置,$i_k = k(I-1), j_k = k(J-1)$。

155

接下来,对整个图像计算两个相邻马赛克块之间的亮度差,即"局部对比度"。目标与 8 个相邻点之间的亮度差为

$$G_{\theta,k}(I,J) = \frac{1}{8} \sum_{P=I-1}^{I+1} \sum_{Q=J-1}^{J+1} \left| G_{\theta,k}(P,Q) - G_{\theta,k}(I,J) \right| \quad (5\text{-}2)$$

式中,坐标(I,J)是目标块在马赛克图像中的位置,计算了整个图像的局部对比度值以及 $G_{\theta,k}(I,J)$。使用公式(5-3)计算给定 $G_{\theta,k}$ 的照明方位角 θ 和滤波器尺寸 k 下的平均值作为对比度值

$$G_{\theta,k} = \sum_{I=2}^{M-1} \sum_{J=2}^{N-1} G_{\theta,k}(I,J)/[(M-2)(N-2)] \quad (5\text{-}3)$$

根据前面眼动数据中停留点分布分析可知,在整个图像光泽运动的过程中,识别视线在初始 7 秒内更倾向于停留在仪器的中心线上。这意味着出现在中心线附近的金丝楠木花纹光泽的特征,会强烈影响被试验者的心理印象。考虑到这一点,在将一维多分辨率对比分析(MRCA)应用于金丝楠木材料表面的特征提取时,对于整个图像显示包括金丝楠木的中心线在内的 $100\text{mm} \times 60.04\text{mm}$ 的范围,放大图像显示为 $20\text{mm} \times 26.3\text{mm}$ 的范围,将它们设置为分析区域,再计算设定的分析区域内的平均对比度光谱。本部分研究是在 MATLAB 软件中进行数据处理的。

图 5.17 显示了在放大图像中被评价为"最丰富""最华丽""最动态""最强烈""最自然"印象的金丝楠木的图像(a),被评价为"最单一""最朴素""最静态""最厌恶""最人工"印象的木纹纸的图像(b),以及它们的对比度光谱(c)。当照明方位角为 $0°$ 和 $60°$ 时,印刷木纹纸的对比光谱[图像(c)]在滤波器尺寸为 1.5mm 处有明显的峰值。这些峰值表明,相对较小区域的亮度变化特别明显。峰位的细微差异可能是各标本光泽的差异所致。当滤波器尺寸大于 5.5mm 时,这些样品的对比值有规律地增加,这表明,相对较大的花纹图像可能与这一增加有关。

此外,峰值的位置和水平根据照明方位角呈显著变化,可以考虑是由光泽的移动而引起的外观变化。印刷木纹纸没有三维组织结构,因此仅发生简单的光反射,由颜色的浓淡表示的"最单一""最朴素""最静态""最厌恶""最人工"的波纹状裂纹产生的较弱的峰值出现在过滤器尺寸 5.5mm 附近。从实验结果可以看出,真实木纹和印刷木纹纸的光反射特性不同,并且通过改变照明角度拍摄和 MRCA,可以对金丝楠木特有的光泽度特征加以定量提取。

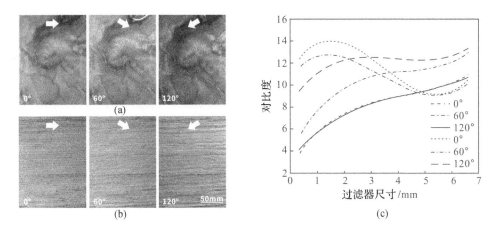

左边图像中左下角的数字是照明方位角；右边图像中
实线为金丝楠木图像 a，虚线为印刷木纹纸图像 b

图 5.17　金丝楠木真实木纹和木纹纸的放大图像及其对比度光谱

5.4.5　主观评价与图像特征的关系

最后，我们调查了金丝楠木光泽的对比度值和视觉吸引力之间的对应关系。由于光泽对比度值也取决于图像拍摄的照明方位角，在与金丝楠木表面纤维正交方向 90°的光照下，材料表面的阴影相对较小，因此将其设定为代表性照明方向角。

图 5.18 中 a～d 光谱中的金丝楠木整体图像是以 90°的照明方位角拍摄的，图像中显示的是对比度光谱。随着滤波器尺寸不断增大，光泽对比度值也逐渐变大，这说明在整体图像中，花纹光泽的差异性较大。当过滤器尺寸在 1.9～8.2mm 时，"最自然"的 a 光谱对比度值最大。"最单一""最静态""最喜欢"的 d 光谱的对比度值在四个样品中最小，这说明花纹光泽差异性越小的金丝楠木花纹越容易被人喜爱。在 0～20mm 的过滤器尺寸中没出现峰值，这表明在该尺寸下不容易看到可见的明暗变化。

我们根据材料表面、照明角度和观察者的位置关系，提取了金丝楠木产生明显光照运动的图像特征，并用高清晰度的相机拍摄不同光照角度下的金丝楠木样本，将得到的图像制作成表现光泽运动的视频，再根据静止点分布设置了图像分析的范围，记录了视频观看者视线停留在金丝楠木上的位置和时长，以及出现在金丝楠木上表示各种明暗变化特征的对比光谱。在对金丝楠木进行光照的情况下,光谱的轮廓随着照明方向的变化而变化,并且可以客观地掌握光线的移动。让被试观看视频,通过他们的评价可以知道,金丝楠木实木和金丝楠木木纹纸的对比度光谱有明显差异。对金丝楠木的"变化程度"和"丰富程度"的评估表明,除了光的明暗变化,金丝楠木纹理的宽度也可以对其产生影响。

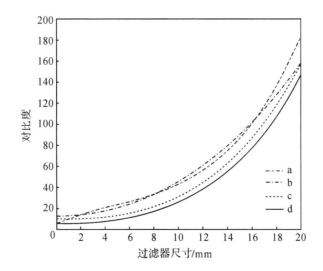

图 5.18　金丝楠木的图像及其对比度光谱

5.5　木材纹理认知的总结

本章阐明了金丝楠木的表面光反射特性和视觉吸引力之间的关系。研究制备了 31 个样品,包括金丝楠木整体图案、局部放大图以及印刷木纹纸。采用感性语意微分法、眼动分析技术、分形盒维数法和多分辨率对比分析法,表征金丝楠木花纹与光反射特性相关的图像特征量,测量了被试在观看光反射变化视频时的心理反应、眼球运动轨迹及注视时间。结果总结如下。

①金丝楠木花纹中金丝光泽的运动可以影响观察者的心理感受,被试对木纹纸的感受明显区别于对真实花纹的感受。

②金丝楠木花纹对比度在保持吸引力方面起着重要作用,金丝光泽的移动是高度吸引人的木材的光反射特征。

③不同入射光角度下,金丝楠木花纹整体图像和局部放大图的分形维数都

是不相同的,并未在花纹图像的分形维数和主观评价之间发现客观联系。

④多分辨率对比分析法通过对比度值来评估木材表面外观变化的大小,花纹光泽的差异性越小的金丝楠木花纹越容易被人所喜爱。

金丝楠木光泽运动的视觉心理影响可以定量地表现出来,本章可以为开发金丝楠木的潜在美学应用价值提供参考,同时为未来科学、合理、有效地利用珍贵木材花纹提供方法和理论支持。

参考文献

[1] 仲村匡司.木材の見えと木質内装[J].木材学会誌,2012,58(1):1-10.

[2] 赵广杰.近自然主义木雕艺术创作观:基于木材构造的自然属性[J].北京林业大学学报(社会科学版),2016,15(2):7-11.

[3] Beals H O, Davis T C. Figure in wood:An illustrated review[J]. Alabama Agricultural Experiment Station Bulletin,1977,489:79.

[4] 费本华,赵勇,覃道春,等.应用 CT 技术研究木材断口形态特征[J].林业科学,2007,43(4):137-140.

[5] Nakamura M, Masuda M, Shinohara K. Multiresolutional image analysis of wood and other materials[J]. Journal Wood Science,1999,45:1-18.

[6] 增田捻.木材视觉特性研究[J].木材学会杂志,1992,38(12):1075-1081.

[7] 山田正.木质环境科学[M].旧本:海青社,1987.

[8] 增田稳.木材颜色光影成像[J].材料,1985,34(383):972-977.

[9] 仲村匡司,增田稳,今道香缎.木材的视觉的粗滑感、厚重感与相关因子的表现[J].木材学会志,199642(12):1177-1187.

[10] 杨济玮.装饰薄木的视觉艺术性研究[D].哈尔滨:东北林业大学,2017.

[11] 苗艳凤.木材山峰状纹理的视觉特性研究[D].南京:南京林业大学,2013.

[12] 查欢欢.基于现代实木椅子的径向木纹视觉特性研究[D].南京:南京林业大学,2015.

[13] 车文.室内木质视环境对人体心理生理影响的研究与评价[D].哈尔滨:东北林业大学,2009.

[14] 张寒凝.现代家具的色彩意象研究[D].南京:南京林业大学,2011.

[15] 宋莎莎.木材细胞堆砌构造图案的分形表征与情感表达[D].北京:北京林业大学,2011.

[16] 李静.现代木构建筑外表皮木材覆盖率的主观评价研究[D].哈尔滨:哈尔滨工业大学,2016.

[17] 何拓.20 种红木视觉特性与显微构造及其美学应用研究[D].南宁:广西大学,2015.

[18] 赵新灿,左洪福,任勇军.眼动仪与视线跟踪技术综述[J].计算机工程与应用,2006,12:118-120.

第6章　新零售场景下智能导购
终端功能框架的可用性研究

　　随着互联网技术的发展,智能终端设备所包含的功能日益增加,这使得这些智能终端变得交互性更强、更友好。这些智能终端设备被放置到火车站、医院、大学等公共空间,其可用性就显得非常重要。当公共终端被应用到线下零售行业时,它就变成了导购终端。目前零售行业的标准开始被重新定义,智能导购终端作为线下重要的公共设施,使用频率非常高,但相关研究却很少。

　　消费者在挑选商品时,从一开始单一地线下挑选,到后来的网购,再到如今的线下体验、线上购物,每一种模式都在特定的时间段满足用户的需求[1]。当前,电商平台和线下商场的零售商们都在想办法影响消费者的购物流程——从搜索信息,到我们已知的线上商品信息搜索,再到购买产品和服务——所以线上、线下的边界逐渐变得模糊[2]。在搜索成为购物流程一环的前提下,线上搜索可以通过智能手机端或是 PC 端进行,而线下搜索则通过智能导购系统完成。因此在新零售的场景下,对于智能导购终端的研究非常有必要。

　　智能导购终端通常是通过触屏控制的,无论用户是何种教育程度,通过简单的界面点触都能操作[3]。智能导购终端的功能多种多样,如寻路、相关店铺信息推送等,也有很多终端加入了停车缴费等新的功能。为了提升该类产品的用户体验,可用性测试的概念被引入。它作为度量工具,用来观察用户与终端系统的交互绩效[4]。James 曾经强调过产品的可用性对用户的情绪状态和满意度有积极的作用[5]。大多数的研究基本关注于界面的布局或是单个功能,比如参考文献[6]。这些研究缺乏系统性,也不符合当下新零售的发展趋势。为了对用户的行为做出更好的诠释,研究者引入了 AIDMA 和 AISAS 模型。

　　当前,AIDMA 和 AISAS 模型作为两种不同的行为模型应用于不同的时间背景,这也是公认和常用的用户行为模型。AIDMA 模型作为传统的用户行为模型,由美国广告专家刘易斯在 1898 年提出。这个模型反映了用户的购买行为,以及从商业到用户的单边信息传递。而在 2005 年,为了应对互联网带来的冲击,日本 Dentsu Group 提出了基于互联网的 AISAS 模型。它与 AIDMA 模型的不同在于它强调了搜索和分享的过程,而 AIDMA 模型关注的是兴趣和消费者过去的经验。在互联网时代,信息主要通过搜索、交互和讨论得以传播,消费者不需要再像过去那样接受信息,他们只需要搜索和分享信息。由于用户行为决定了企业的营销模型,故 AIDMA 和 AISAS 两种用户行为模型也作为许多企业的营销模型和市场策略定制的参照标准[7]。智能导购终端作为营销链的一环,是根据自身的营销策略来设计的,所以商家在设计智能导购终端的功能框架时需考虑用户行为模型是 AIDMA 还是 AISAS 模型。

研究的目的是通过智能终端界面功能框架的可用性测试来判断哪种模型更加适合新零售的场景。本章的可用性研究通过用户绩效测试获取效用和效率指标数据,结合满意度问卷和用户访谈来比较 AIDMA 和 AISAS 两种不同行为模型在智能导购终端功能框架设计上的差异。我们从系统的功能框架入手,结合营销模型,对智能导购系统进行研究。本章选取了杭州市场占有率最高的传统商场 Y 和依附于某大型互联网企业而建造的新零售商场 Q 作为实验对象。两家商场里的智能导购系统分别是传统零售营销模式和新零售模式的产物。为了保证数据的可信度,调查了 26 位不同年龄段、不同性别的用户在分别使用两个线下智能导购终端 6 个主要功能时的绩效和满意度的情况。6 个主要功能组成了线下智能导购终端的功能框架:寻店、公共设施寻找、停车缴费、找车、最新活动和会员优惠。

6.1　理论基础概述

6.1.1　新零售概述

新零售场景下智能导购终端与线上设备打通了。与传统的导购终端相比,智能导购终端被赋予更好的功能属性,它不单是单独的产品,更是整个用户行为链路中的一环。2016 年 10 月的云栖大会上,马云在演讲中第一次提出了“新零售”:“未来的十年、二十年,没有电子商务这一说,只有新零售。”根据定义,新零售,即企业以互联网为依托,通过运用大数据、人工智能等先进技术手段,对商品的生产、流通与销售过程进行升级改造,进而重塑业态结构与生态圈,并对线上服务、线下体验以及现代物流进行深度融合的零售新模式[8]。由定义可知,新零售最核心的点在于线上、线下的打通,并且重塑生态圈。这里所讲的生态圈重塑本质上就是人—货—场的重构。人指的是用户,用户的目的是实现其用户目标;货指的是商家所拥有的货品,需站在商家的角度考虑如何引入流量,将产品卖出去;场指的是场景,即用户运用自身的五感(视觉、触觉、听觉、嗅觉、味觉)在特殊的场景下与产品发生接触。

图 6.1　人—货—场的关系

总的来说,新零售强调的是推动线上与线下的一体化,使线上的互联网力量和线下的实体店终端形成真正意义上的合力[9]。

6.1.2　AIDMA 模型和 AISAS 模型

由于智能导购终端的功能框架依据的是用户行为模型,所以具体分析用户行为模型非常重要。AIDMA 和 AISAS 是常用的两种模型,它们表达的是用户在购物的整个流程中每个阶段的行为。

AIDMA 模型是传统的用户行为模型。A(attention),即关注,或对品牌的认知情况;I(interesting),是指引起用户的兴趣;D(desire),是指唤起用户的拥有欲望,它可能是某个信息或是某人的一句话,这些都可能变成欲望的触发器;M(memory),是指需要给用户留下印象;A(action),即行动,也就是产生购买行为(图 6.2)。而信息时代,经常提的模型是 AISAS,其中 A(attention)为关注,I(interesting)为兴趣,S(search)为搜索,A(action)为购买行动,S(share)为分享。与此同时,分享又会引来其他用户的搜索,形成另一个循环[10](图 6.3)。

我们以某消费者 W 要去 Z 店买一件 T 恤衫为例。首先 W 通过手机搜索喜欢的 T 恤衫的款式,浏览相似款式,对 Z 店某一款式 T 恤衫进行关注。因不确定该款产品的质量如何,于是来到线下 Z 店的实体店。进店前顺手取了一辆购物车,边逛边寻找网上看到的那件 T 恤衫,当看到相似的款式或有感兴趣的款式时会停留并注视。经过反复地线下搜索对比后,他最终挑选到了心仪的衣服(并不一定是早先在线上看中的那件),来到收银台,打开手机二维码进行支付。随后 W 又从线下回到了线上,在将衣服拿回去使用后,W 通过自己的体验对产品进行点赞或者评价与分享。这是一个普通用户无意识地在 AISAS 模型里从线上到线下,又从线下回到线上与商家的互动路线,如图 6.4 所示。

图 6.2　AIDMA 模型

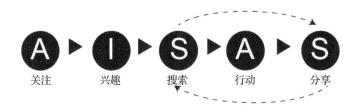

图 6.3　AISAS 模型

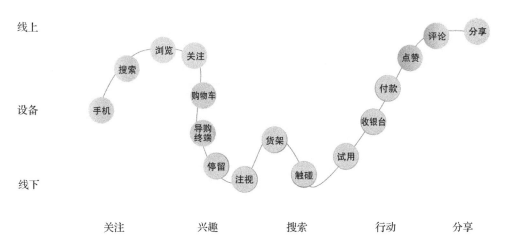

图 6.4　AISAS 模型在消费者购物链路中的应用

反观在传统的营销模型中,消费者线上、线下并没有交汇,呈现两条不同的购物路径,如图 6.5 所示。那么如何来评判两种不同的模型在提升用户体验方面的优劣呢? 我们需要一个应用来验证,而这个应用就是智能导购终端的功能框架。

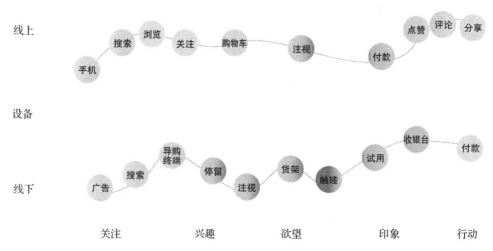

图 6.5 AIDMA 模型在消费者购物链路中的应用

6.2 智能导购终端功能框架

不同商场的智能导购终端具有不同的功能框架,而功能框架则是基于两种不同的行为模型设计的。两个商场的智能导购终端的功能框架是实验对象。通过调研,我们对智能导购系统进行了深入的了解,得出目前该类产品的功能仍旧停留在以寻路为主要功能的阶段,而 Y 和 Q 商场的功能框架已是目前做得比较完善的。Y 商场的智能导购终端功能框架是根据传统的 AIDMA 模型设计的,而 Q 商场的功能框架则是对 AISAS 模型的尝试。由于后文要对两个智能导购的功能框架的效率进行对比,我们先将其功能框架展示出来,如图 6.6 与图 6.7 所示。

两个智能导购终端功能框架结构类似,具体功能也差不多,几乎都有寻店、停车服务、公共设施寻找等。两者的主要差别是有无将线上、线下数据打通。我们将通过对两个导购终端功能框架的可用性测试来评判用户体验的优劣。

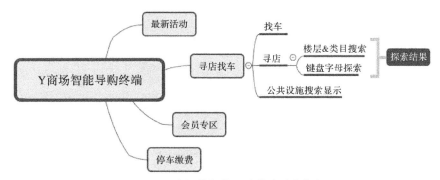

图 6.6　Y 商场的智能导购终端功能框架

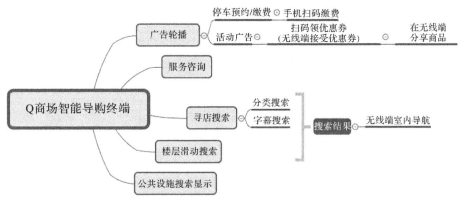

图 6.7　Q 商场的智能导购终端功能框架

6.3　智能导购终端的可用性测试

可用性测试是判断实验对象用户体验优劣的度量方法。这里的实验对象是两个不同商场的智能导购终端功能框架。对于可用性的定义,在 ISO 9241-11[11] 中已做出明确解释:在特定的使用环境下,用户可以通过效用、效率和满意度三个指标来评价该商品是否达到了用户设定的目标[11]。也就是说,国际标准化组织(ISO)描述了三个评判维度:有效性、效率和满意度。第二个常用的是尼尔森(Nielsen)[12] 提出的五个可用性维度,即易学性、效率、可记忆性、错误、满意度[12]。第三种是特里斯(Tullis)和埃尔伯(Albert)提出的五个基本绩效度量:任务成功率、准时、错误、效率和易学性(表 6.1)。这里使用最常用的国际标准来评判智能导购终端功能框架的可用性。用户在完成任务的过程中,处于被观

165

察的状态。用户对于系统的可用性问题是由用户与设备的交互反应所决定的。

表 6.1　可用性测试的通用指标

ISO	尼尔森的五个可用性维度	特里斯和埃尔伯的五个基本绩效度量
有效性	易学性	任务成功率
效率	效率	准时
满意度	可记忆性	错误
	错误	效率
	满意度	易学性

6.4　智能导购终端的评估方法

6.4.1　智能导购终端可用性评估的目的

可用性测试评估目前广泛应用于各类人机交互的设计流程。实验目的是通过可用性测试的评估方法,对基于两种不同模型设计的导购终端的主要功能进行对比分析,最终判断 AIDMA 模型和 AISAS 模型中哪种模型更适合新零售场景。

6.4.2　智能导购终端的系统概述

根据调查,我们发现以下 6 个功能是目前大多数智能导购终端的典型功能,同时这 6 个功能也是使用频次比较高的,它们分别是寻店、公共设施寻找、停车缴费、找车、最新活动和会员优惠(表 6.2)。本实验选取的实验对象分别是杭州 Y 和 Q 两家商场里的智能导购终端(其中 Q 商场的导购终端没有寻车功能),如图 6.8 和图 6.9 所示。通过对比用户在使用智能导购终端这 6 个功能过程中的绩效,测评其可用性。具体的指标中,有效性通过测试任务成功率来完成,效率通过统计每个人完成每项任务的时间和每个人完成任务的平均时间这两项指标来完成,满意度则通过统计 SUS 系统可用性量表得分来取得(表 6.3)。

表 6.2　常见功能及界面设计要求

功能	对应操作
寻店	类目搜索,键盘字母搜索,楼层搜索,室内导航
公共设施寻找	主界面点击搜索
停车缴费	扫码绑定后,移动支付
找车	扫码绑定后,移动端显示位置
最新活动和会员优惠	滚屏显示活动,用户自主扫码参与

图 6.8 Y 商场的智能导购系统

图 6.9 Q 商场的智能导购系统

表 6.3　智能导购屏功能框架的可用性评估体系

指标	指标内容
有效性	任务成功率
效率	每个人完成每项任务的时间 每个人完成任务的平均时间
满意度	SUS 可用性量表得分

6.4.3　被试选取

本次试验共招募 26 名被试,分为两组:青年组 20 名,年龄在 20～35 岁;老年组 6 名,年龄在 50～60 岁。青年组被试均能熟练地使用智能手机,其中 12 名有相关产品的使用经验,8 名被试则没有相关经验。老年组则对智能手机操作都不太熟练,对其他触屏类产品接触也比较少,可以判定为没有相关产品的使用经验。那么共有 12 名测试人员有该类产品的使用经验,14 人没有经验。同时,两组男、女人数分别是 10 人和 16 人。

6.4.4　可用性评估任务描述

挑选的任务都是用户使用智能导购终端时的典型任务,特别是寻路功能,这是所有该类可用性试验都会的任务。本次试验共设置 6 个任务,其中的任务一到任务三属于常见任务,而任务四到任务六则是消费者产生的新的需求。任务一是通过不同的方式找到目的地;任务二则必须使用"分类搜索"这项功能;任务五是寻车,在 Q 商场的终端没有这项功能,所以只在 Y 商场做测试;任务六则只要求用户读懂活动内容,在界面上进行相关的简单操作即可。另外,Q 商场内终端的每项寻路任务都可以通过手机扫码进行导航。

表 6.4　分配给被试者的任务

任务	项目
一	搜索"外婆家"
二	用"分类搜索"搜索是否有"一鸣酸奶"
三	搜索"3 楼卫生间"
四	交一次停车费
五	找到车的位置*
六	参与一次活动

*Q 商场没有此项功能,只在 Y 商场测试。

6.4.5　可用性评估的数据收集

收集数据来对智能导购可用性进行评估。在对所选用户进行初步的特征统计后,分别使用两个导购终端对 26 位被试进行测试。整个评估过程分为三个部分。第一部分是将设置的任务分发给被试,再通过表格的形式记录每个人完成每项任务的时间,目的是统计终端的有效性和效率。第二部分则是在被试做完测试后回答 3 个关于终端体验的问题,也就是让被试进行满意度打分,最后计算平均分。第三部分是讨论部分,记录被试对导购终端系统提出的一些意见和笔者基于新零售的场景终端提出的改良建议。

6.4.6　可用性评估的流程

分批将被试带到两个不同的商场进行测试,在简单介绍设备并告知实验目的后进行测试。当然也必须跟被试保证他们的个人信息将不被泄漏。在测试过程中,会有一名研究人员在被试身旁引导他们完成任务并记录操作时间,另一名研究人员基于实验观察进行记录。此外,在实验过程中不允许被试询问,不允许与另外的被试交流,研究人员也不能干预。无论被试能否完成任务,都将进入下一个任务。在完成任务后,研究人员将满意度评分表发放给被试,填写并记录他们的反应。

6.4.7　可用性评估的数据分析

数据统计将以百分比、频率和平均数的形式进行。除了数据以外,也会根据被试对于开放式问题的反应和观察记录来分析满意度。同时还要注意,除了对两个主流终端的对比分析外,还要对有无经验和性别两个因素进行分析,判断它们是否是导致数据差异的原因。

6.5　智能导购终端可用性评估结果

6.5.1　有用性分析

有效性指的是两个商场在相同任务下,所有任务的完成率。两个商场在有效性上存在较大的差异(表 6.5 和表 6.6)。在 Q 商场终端上,除了老年组在任务六中完成率为 50%,其他均能完成任务;而在 Y 商场终端上,老年组的 4 项任务完成率为 0,只有 1 项为 100%。甚至连青年组有 4 项的完成率也只有 95.83%,这说明 Q 商场终端的通用性要优于 Y 商场终端,对老年人相对更加友善。

表 6.5　两组在 Q 商场终端各项任务的完成率

任务	青年组	老年组
任务一	100%	100%
任务二	100%	100%
任务三	100%	100%
任务四	100%	100%
任务五	—	—
任务六	100%	50%

表 6.6　两组在 Y 商场终端各项任务的完成率

任务	青年组	老年组
任务一	95.83%	50%
任务二	95.83%	0
任务三	95.83%	50%
任务四	100%	100%
任务五	95.83%	0
任务六	100%	0

6.5.2　有效性分析

效率通过记录被试者完成任务时间来检测。在整个过程中,如果未能完成这个任务,则在记录时间前加上"—",而如果被试者完成了任务,则在记录时间前加上"+"。通过对比表 6.7 和表 6.8 的每项任务的平均时间可知,在完成任务一(搜索"外婆家")、任务二(用"分类搜索"搜索是否有"一鸣酸奶")、任务三(搜索"3 楼卫生间")上,Q 终端的效率要高;而在任务四(交一次停费)和任务六(参与一次活动)中,Y 终端的效率则高于 Q 终端。

表 6.7　Q 商场终端被试时间

(单位:s)

被试编号	任务一	任务二	任务三	任务四	任务五	任务六	平均时间
P1	+25	+17.27	+7.08	+16.92	—	+6.56	14.58
P2	+9.97	+27.44	+5.57	+8.00	—	+2.97	10.79
P3	+5.75	+7.01	+2.42	+13.26	—	+5.08	6.70
P4	+3.29	+6.47	+2.61	+14.69	—	+8.14	7.04
P5	+11.90	+6.60	+3.60	+20.00	—	+30.00	14.42

续表

被试编号	任务一	任务二	任务三	任务四	任务五	任务六	平均时间
P6	+13.10	+5.10	+8.60	+95.90	—	+4.40	25.42
P7	+22.90	+6.30	+3.60	+15.10	—	+114.80	32.54
P8	+11.20	+16.80	+17.00	+92.30	—	+40.00	35.46
P9	+17.66	+16.37	+11.03	+13.15	—	+10.01	13.65
P10	+17.05	+17.59	+7.03	+22.52	—	+8.55	14.55
P11	+5.68	+4.40	+6.67	+4.46	—	+5.06	5.25
P12	+11.00	+3.86	+6.09	+5.45	—	+2.64	5.82
P13	+10.1	+11.27	+2.52	+28.81	—	+19.80	14.52
P14	+4.2	+39.70	+3.56	+8.57	—	+10.44	13.31
P15	+18.94	+7.79	+14.93	+4.19	—	+7.36	10.64
P16	+14.08	+18.24	+2.56	+3.82	—	+2.92	13.72
P17	+18.24	+12.51	+13.30	+18.07	—	+8.82	13.99
P18	+8.84	+7.97	19.03	+14.17	—	+14.69	12.94
P19	+14.09	+9.27	+13.59	+10.40	—	+9.06	11.28
P20	+6.36	+20.24	+11.34	+27.55	—	+8.02	14.70
P21	+12.40	+10.45	+15.41	+17.63	—	+54.32	22.04
P22	+110.72	+26.75	+18.90	+35.51	—	−50.21	48.42
P23	+20.80	+34.10	+6.13	+5.14	—	+23.32	18.3
P24	+12.54	+18.68	+6.21	+9.31	—	+47.23	18.79
P25	+18.59	+30.03	+4.52	+11.40	—	+29.31	18.77
P26	+51.67	+27.13	+7.91	+28.05	—	+28.49	28.65
平均时间	18.31	15.74	8.51	20.94	—	21.24	16.23

表 6.8　Y 商场终端被试时间

(单位:s)

被试编号	任务一	任务二	任务三	任务四	任务五	任务六	平均时间
P1	+8.07	+9.43	+7.91	+16.92	+8.13	+4.72	9.19
P2	+49.98	−69.71	+23.98	+3.06	+10.16	+10.25	27.86
P3	+5.66	+19.68	+5.13	+5.39	+12.98	+7.88	9.45
P4	+30.94	+19.97	+9.83	+9.01	+6.48	+10.60	14.47
P5	+62.60	+73.40	+4.80	+25.60	+6.70	+11.20	30.72
P6	+10.70	+53.50	+10.00	+43.30	+7.30	+2.80	21.27
P7	+5.70	+42.00	+4.50	+19.50	+6.00	+4.40	13.68
P8	+61.30	+29.40	+31.00	+47.30	+3.50	+3.30	29.30
P9	+12.86	+11.74	−55.95	+3.81	+7.61	+46.3	23.05
P10	+63.38	+47.92	+20.45	+3.10	+8.85	+5.55	24.88
P11	+80.35	+85.15	+13.77	+4.20	+31.65	+5.54	36.78

续表

被试编号	任务一	任务二	任务三	任务四	任务五	任务六	平均时间
P12	+28.00	+35.65	+5.29	+2.98	+9.77	+3.17	14.14
P13	+30.74	+10.30	+20.25	+30.19	+30.19	+28.64	25.05
P14	+9.21	+50.83	+12.41	+24.61	+24.61	+14.91	22.76
P15	+41.17	+29.55	+20.45	+7.11	+7.11	+7.09	18.75
P16	+10.16	+47.06	+12.83	+30.4	+30.04	+5.00	22.58
P17	+14.99	+80.71	+22.11	+70.18	+42.25	+8.36	39.77
P18	+42.94	+24.14	+19.59	+10.55	+12.30	+30.49	23.34
P19	+70.39	+26.39	+15.44	+9.69	+11.18	+7.71	23.47
P20	+26.04	+21.10	+12.35	+15.07	+10.77	+15.18	16.75
P21	+54.98	−25.00	+10.00	+8.77	−128.00	−59.17	47.65
P22	−23.57	−82.00	−31.15	+12.20	−50.66	−20.28	36.64
P23	+38.99	+54.49	+13.93	+10.64	−20.93	+26.21	27.53
P24	+1.03	+47.55	+5.73	+3.16	+96.00	+8.80	27.05
P25	+45.33	+54.55	+16.17	+3.65	+18.63	+6.46	24.13
P26	−103.89	+52.07	+44.95	+4.91	+13.59	+12.61	38.67
平均时间	35.88	42.43	17.31	16.34	23.67	14.10	24.96

对两配对样本进行 t 检验的目的是利用两个总体的配对样本，推断两个总体的均值是否存在显著性差异。从表 6.9 可以发现，任务一、任务二、任务三的显著性（双侧）数值小于 0.05，这说明两个商场的智能终端在功能框架的体验上差异性较大。而任务四和任务六两组数据的显著性（双侧）数值大于 0.05，这说明两个商场在执行这两个任务时效率差异性不大。

表 6.9　Y 商场和 Q 商场终端任务完成时间配对样本 t 检验

分组		均值	标准差	显著性（双侧）	相关性
任务一	Y	35.88	26.68	0.012*	0.066
	Q	18.31	21.09		
任务二	Y	42.43	22.83	0.000*	0.243
	Q	15.74	9.97		
任务三	Y	17.31	12.38	0.001*	0.409
	Q	8.51	5.32		
任务四	Q	16.36	16.59	0.225	0.532
	Y	20.94	23.1		
任务六	Q	14.1	13.85	0.478	0.146
	Y	21.24	24.69		

* 在 0.05 水平（双侧）上显著相关。

综上,Q 商场的寻路功能做得较好,两个商场的停车缴费功能和参与商场活动功能的用户体验差距不大。回看任务的详细内容,我们发现任务一到任务三都是传统的寻路、寻店任务,Q 商场通过引入无线端打通了线上、线下,搜索的效率提升较为明显。而寻路、寻店这类功能本身对于消费者来说并未超出认知习惯,扫码导航也早已培养了用户习惯,所以对于寻路、寻店这类基础性功能从线下被引入到线上,用户的接受度较高,也能很快提升搜索效率。

反观任务四和任务六,停车缴费通常情况下需用电子货币直接付款,参与商场活动则是在实体店通过抵扣的方式或是在线上以直接领优惠券的方式进行的。所以我们初步判断,两个商场的数据差异性并不大的原因是用户不习惯这种使用方式。

6.5.3 主要因素的影响分析

根据表 6.10～6.12 的数据可知,有无经验这一因素对绩效的影响比较大,有经验的组比没有经验的组快将近 5s;年龄的因素对绩效的影响是最大的,年轻人对这类产品的感知能力比老年人敏感很多,青年组要比老年组快将近 20s;而性别对绩效的影响则不明显,两个商场的测试平均时间各有高低,差别在 2s～4s。

表 6.10 有无经验因素对绩效的影响

有无经验	Q 商场终端平均时间/s	Y 商场终端平均时间/s
有经验(12)	14.67	25.45
无经验(14)	19.31	29.52

表 6.11 年龄因素对绩效的影响

性别	Q 商场终端平均时间/s	Y 商场终端平均时间/s
老年组(6)	35.23	42.15
青年组(20)	15.66	22.92

表 6.12 性别因素对绩效的影响

性别	Q 商场终端平均时间/s	Y 商场终端平均时间/s
男(10)	19.58	26.93
女(16)	17.54	22.81

6.5.4　满意度分析

　　该可用性测试的满意度通过三个维度来测试,即任务容易程度、功能易学习性满意度和完成任务所需时间满意度。评分由低到高为 1～5 分,代表非常不满意到非常满意。我们让 26 位被试对这三个维度进行打分,最后得到平均分。从表 6.13～6.15 可知,Y 商场终端的满意度基本保持在 3 分,而 Q 终端的满意度在 4 分左右。差距最大的是"完成任务所需时间满意度"这项指标,Y 商场终端得到的平均分是 3.19 分,而 Q 商场终端的平均分是 4.35 分。总的来说,对于相同的任务(除了任务五),Q 商场终端功能框架更容易操作,也更容易学习。

表 6.13　任务容易程度满意度调查

商场终端	非常不满意(1)	不满意(2)	一般(3)	满意(4)	非常满意(5)
Y 商场终端			3.46		
Q 商场终端				4.35	

表 6.14　功能易学习性满意度调查

商场终端	非常不满意(1)	不满意(2)	一般(3)	满意(4)	非常满意(5)
Y 商场终端			3.07		
Q 商场终端			3.88		

表 6.15　完成任务所需时间满意度调查

商场终端	非常不满意(1)	不满意(2)	一般(3)	满意(4)	非常满意(5)
Y 商场终端			3.19		
Q 商场终端				4.35	

6.6　基于数据的讨论与分析

　　所有任务测试都是在完成率比较高、功能设计能够被大多数人理解的情况下进行的。当消耗时间超过平均时间 3 倍的时候,被试容易放弃任务(特别是老年人)。终端设备拼写模糊搜索的失效也是用户产生抱怨的一个重要因素。根据上述测试结果,我们对两个商场终端功能的几项可用性数据做对比,发现

Q 商场终端在有效性、效率、满意度这几项指标上都优于 Y 商场终端。下面就实验的绩效、差异性和满意度进行分析。

　　绩效包括被试在使用终端时的有效性和效率。将被试分为青年组和老年组，从表 6.5 与表 6.6 的对比中可知，青年组在使用 Q 商场终端时任务完成率均为 100％，在使用 Y 商场终端时完成率大多能达到 100％；老年组的实验结果差异性更大，老年组在使用 Q 商场终端时只有任务六的完成率为 50％，其他均为 100％，而他们在使用 Y 商场终端时甚至出现了未能完成任务的情况。总的来说，在被试相同的情况下，Q 商场终端任务的完成率要优于 Y 商场终端。

　　表 6.7 与表 6.8 反映的是 26 位被试在 Q 商场和 Y 商场智能终端执行所有任务（除去 Q 商场的智能终端没有任务五）时的绩效表现。通过完成每项任务的平均时间可知，除了 Q 商场的智能终端对任务四所花时间（20.94 秒）要多于 Y 商场的智能终端（16.34 秒）外，其余几项任务均是 Q 商场的智能终端所花时间少于 Y 商场智能终端。这说明在使用效率这个指标中，Q 商场智能终端的功能框架要高于 Y 商场的智能终端功能框架。

　　Q 商场和 Y 商场在"寻店"功能和"公共设施寻找"功能上数据差异性较大，这说明 Q 商场智能终端的功能框架在寻路这类基础功能中的用户体验要优于 Y 商场终端的功能框架。而在后两项任务中，通过两个商场的数据对比发现，"停车缴费"和"参与活动"功能差异不大，并且所测的绩效都不好。

　　这说明，在熟悉场景下，基于 AISAS 模型设计的终端功能框架提升基础寻路功能的用户体验效果明显，而在用户不熟悉的场景下，基于 AISAS 模型设计的终端功能框架并未和基于 AIDMA 模型设计的终端功能框架体现出差异。这种不熟悉本质上就是用户在使用后两个功能时的心理模型与现实模型产生差异[11]，所以 AISAS 模型未能体现出优势。

　　我们在三个维度满意度调查的对比中发现，Q 商场智能终端功能框架的分值均高于 Y 商场智能终端的功能框架的分值。这说明在以上三个维度中，26 位被试对于 Q 商场智能终端的满意度要优于 Y 商场智能终端。

6.7　新零售场景的设计展望

　　根据上文得到的数据，将表 6.16 作为总结，Q 商场的智能导购终端功能框架的各项数据都优于 Y 商场。也就是说，基于 AISAS 模型设计的智能导购终端功能框架在总体用户体验上要优于基于 AIDMA 模型设计的智能导购功能框架,故 AISAS 模型更适用于当前新零售场景。

表 6.16　Y 商场和 Q 商场终端功能框架可用性各项属性对比

指标		Q 商场终端	Y 商场终端
有效性	成功率	95％	65.28％
效率	完成任务的平均时间	16.23s	33.61s
	任务完成满意度	4.35	3.46
满意度	任务所花时间满意度	4.35	3.19
	容易学习满意度	3.88	3.07

　　在结束试验后,分别对 26 名被试人员进行简单的访谈,并记录下他们对商场终端的一些看法,总结出优化终端框架的建议如下:①用户普遍反应在执行任务四和任务六时难度较高,甚至很多用户找不到点击入口(8 人);②虽然大多数人对 Q 商场的期待较高,但在执行后两个任务时并没能感受到 Q 商场的终端与 Y 商场的区别(12 人);③在参加活动这一项,有些用户不太习惯 Q 商场内终端滚屏的方式,有几个功能入口放置在顶部的活动标题中,不容易找到(4 人)。

　　这就印证了上文提到的认知习惯的问题——用户的认知加工需要时间,被试觉得任务四和任务六难度高,是因为这两个任务是在他们不熟悉的场景下执行的。从数据中也能看出,正常的绩效是随着对界面的熟悉,执行任务应该越来越快,但数据显示执行后两个任务的时间与任务三差不多,甚至大于任务三。被试所提到的问题主要都出现在任务四和任务六中。Cooper[13] 曾经提到,当呈现模型和用户心理模型越接近时,用户就会感觉越容易使用和理解。所以在非常规的任务场景下,我们需要从界面设计的角度来引导用户,用户界面应该基于用户心理模型而不是实现模型。从功能框架图可以看出,Q 商场将这两项任务均放在首页轮播里面。首先,需调整界面的层级关系,将用户不熟悉的功能放置到容易看到的位置。因为从视觉的角度来说,用户无法从轮播的几张页面里准确找到点触区域,因此需要将这两个功能从其他功能里分离出来,放置到上一个层级或者首页当中,方便用户识别。其次,我们可以构建用户熟悉的场景,拉近心理模型和实现模型的距离。比如用户的心理模型是开车出去缴费,那么我们可以通过在整个界面上构建缴费的场景,将用户拉回熟悉的场景。至于参与商场活动,我们可以将用户的购物账户与导购终端连接起来,用户一靠近导购终端就会得到推送消息,这样用户仍旧能在熟悉的无线端场景里领优惠券。

　　未来,在新零售的场景下,智能导购的作用是嵌入到人—货—场的数据生态中,以提升用户体验,同时为商场引流。由于数据在各个环节被打通,智能导购终端与用户以及商家的联系会更加紧密。它可以作为一个中介,连接商场、商家和消费者。从用户的角度看,当然希望更快地找到自己需要的货品(也包括服务);从商家的角度看,更希望通过较低的成本引流(线下流量);而从商场(或者说是平台)的角度看,则希望能有更多优质的商家入驻其平台。在消费者的购物链路中,有许许多多类似于智能导购终端这样的触点,我们同样可以用可用性测试的方法来量化用户体验。

参考文献

[1] Floh A, Madlberger M. The role of atmospheric cues in online impulse-buying behavior[J]. Electronic Commerce Research and Applications,2013,12(1-6):425-439.

[2] Cao L. Business model transformation in moving to a cross-channel retail strategy: A case study[J]. International Journal of Electronic Commerce,2014,18(4):69-96.

[3] Joshi A, Puricelli D M, Arora M. Using portable health information kiosk to assess chronic disease burden in remote settings[J]. Rural and Remote Health,2013,13(2):2279.

[4] Tanin E, Lotem A, Haddadin I, et al. Facilitating data exploration with query previews: A study of user performance and preference[J]. Behaviour & Information Technology,2000, 19(6):393-403.

[5] James K K. Exploration of user satisfaction with retail self-service technologies[J]. Dissertations & Theses Gradworks,2014.

[6] Tüzün H, Telli E, Alır A. Usability testing of a 3D touch screen kiosk system for way-finding[J]. Computers in Human Behavior,2016,61(AUG):73-79.

[7] Zhiqin D. Research into factors affecting the attitudes of university students towards WeChat marketing based on AISAS mode[C]//IEEE International Conference on Electro/information Technology. IEEE,2015.

[8] 杜睿云,蒋侃.新零售:内涵、发展动因与关键问题[J].价格理论与实践,2017(2):141-143.

[9] 范荣强.从 UCD 迈向 UXD 之路[J].装饰,2017,296(12):30-33.

[10] Chen Y L, Huang T Z. Mechanism research of OWOM marketing based on SOR and AISAS [J]. Advanced Materials Research,2011,403-408:3329-3333.

[11] Approach I, Vredenburg K, Isensee S, et al. ISO 9241-11. 2003.

[12] Nelson A J, Dinolt G W, Michael J B, et al. A security and usability perspective of cloud file systems[C]//International Conference on System of Systems Engineering. IEEE,2011.

[13] Cooper A, Reimann R, Cronin D. About Face 3: The essentials of interaction design[J]. Technical Communication,2008,55(2):199-200.